„Wieder auf allen Meeren!"

Liebe Leserinnen und Leser,

die Zeit zwischen 1945 und 1970 gehört zu den schwierigsten des Norddeutschen Lloyd. Sie war voller Überraschungen: Erfolge und Fehlschläge lagen dicht nebeneinander. Nach dem Krieg war der NDL eine Reederei ohne Schiffe. Aus bescheidenen Anfängen heraus gelang dem Vorstand und seinen Mitarbeitern der schnelle Wiederaufstieg. Nach und nach kehrte der Lloyd mit neuen Frachtern in die meisten der angestammten Linien aus der Vorkriegszeit zurück. Seine Schiffe fuhren „Wieder auf allen Meeren", wie es stolz in der Werbung hieß.
Da er sich stets als Fracht- und Passagierschiffsreederei verstanden hatte, strebte der Lloyd seit den frühen 1950-Jahren auch zurück in den Liniendienst auf dem Nordatlantik. Als einzige deutsche Reederei schaffte er dort 1954 das Comeback mit der GRIPSHOPLM, der späteren BERLIN. Mit der BREMEN fand er 1959 wieder Anschluss an die internationale Spitze.
Der unerwartet schnelle Absturz der Fahrgastschifffahrt zwischen Europa und den USA wegen der aufkommenden Jets, der noch fehlende einträgliche Kreuzfahrtmarkt in Deutschland und der überraschend früh notwendige komplette Übergang von den Stückgutfrachtern zu den Containerschiffen überforderten den NDL finanziell ebenso wie seinen Rivalen und Partner Hapag. Diese fast gleichzeitig ablaufenden Entwicklungen führten nach 113 Jahren Eigenständigkeit der Bremer zur Fusion mit den Hamburgern.
Eine bebilderte chronologische Flottenliste mit wichtigen technischen Daten und den Schiffsrissen finden Sie im Anhang. Die Angaben in den Quellen unterscheiden sich zum Teil erheblich, fehlerfrei war keine. Die hier genannten Zahlen erscheinen plausibel. Ein Vorbehalt bleibt dennoch. Allen, die mir seit vielen Jahren vor allem bei der Bildbeschaffung geholfen haben, danke ich ebenso wie der Schiffahrtsgeschichtlichen Gesellschaft Bremerhaven, die den Druck großzügig gefördert hat.
Mein besonderer Dank geht an Karsten Kunibert Krüger-Kopiske. Er hat mir seine sämtlichen bisherigen Risse von NDL-Schiffen zur Verfügung gestellt. Noch fehlende Schiffe hat er eigens für dieses Buch gezeichnet und es damit wesentlich bereichert.

Viel Freude mit diesem OCEANUM Spezial
wünscht Ihnen Harald Focke

Inhalt

1 Editorial

4 **Bildimpressionen**

4 Der Turbinenfrachter WERRASTEIN auslaufend auf der Weser

6 Der Ostasienfrachter WESERSTEIN

8 Prospektszene der BERLIN in den USA 1955

10 Titelblatt des ersten Prospektes der BREMEN 1959

12 Werbeplakat für den Passagierdienst nach Kanada und in die USA

14 Die BREMEN im Ärmelkanal

16 **„Wieder auf allen Meeren"**
Der Aufstieg des Norddeutschen Lloyd nach dem Zweiten Weltkrieg und der Weg in die Fusion 1970

42 **Bildimpressionen**

42 Das Motorschiff BODENSTEIN

60 Die BERLIN in New York

74 **Schiffe des Norddeutschen Lloyd 1945 bis 1970**
Mit Schiffsrissen von Karsten Kunibert Krüger-Kopiske

144 **Impressum**

Der Turbinenfrachter WERRASTEIN auslaufend auf der Weser. (Slg. Eberhard Nölke)

Mit den Turbinenschiffen der Weserstein-Klasse nahm der NDL seinen Frachtdienst nach Ostasien wieder auf. (Deutsches Schifffahrtsmuseum)

Aus dem Prospekt der BERLIN für die USA 1955. In der Bildmitte Kapitän Heinrich Lorenz. (Slg. Frank Scherer)

Unlike in most steamship folders, the persons shown in our photographs are not professional models but actual passengers aboard the Berlin. The North German Lloyd takes this opportunity to thank these passengers, and others whose pictures were not included, for their cooperation.

TURBINE
BR
FLAGGS

Titelblatt des ersten Prospektes der BREMEN.
(Slg. Harald Focke)

NORDDEUTSCHER LLOYD BREMEN
HALIFAX
NEW YORK
BREMERHAVEN
PASSAGIERDIENST
nach U.S.A. und Kanada
NORDDEUTSCHER LLOYD

Bremen und Bremerhaven

Harald Focke · Frank Scherer
Mit dem Kombischiff nach Rio und Fernost
Hamburg Süd, Hapag und NDL 1950–1968

88 Seiten, 21 x 26,5 cm, zahlreiche Abb., gebunden, Euro 19,90

Eberhard Nölke · Harald Focke
Der Kapitän und seine Offiziere
Schiffsführung auf Stückgutfrachtern

87 Seiten, 21 x 26,5 cm, zahlreiche Abb., gebunden
Euro 19,90

Arnold Kludas · Harald Focke
Auf der Weser
Fotografien von Karl-Heinz Schwadtke aus den 1960er-Jahren in Bremen und Bremerhaven

96 Seiten, 21 x 21 cm, zahlreiche Abb., gebunden, Euro 17,90

Helmut Seger
OCEANUM Spezial Leuchtfeuer Bremen · Bremerhaven

Alle historischen und aktuellen Leuchtfeuer von Bremen bis zur Außenweser. 176 Seiten, 14,8 x 21 cm, Euro 16,90

Dirk J. Peters
OCEANUM Kompakt
Die SEUTE DEERN

Segler in Seenot: Geschichte, Fakten, Pläne zur Rettung. 96 Seiten, 14,8 x 21 cm, Euro 9,90

Manfred Rech
Das Bremer Schlachte-Schiff
Eine Proto-Kogge mit Heckruder aus der Zeit um 1100

264 Seiten, 21 x 26,5 cm, zahlreiche Abb., gebunden
Euro 34,90

Fordern Sie kostenlos unser Gesamtprogramm an!

oceanum VERLAG

VERLAGS-BUCHHANDLUNG
www.oceanum.de
oder Telefon
04402 / 5 95 56 99

Oceanum Verlag e.K. · Thienkamp 93 · D-26215 Wiefelstede · Telefon 04402 / 5 95 56 99

Die BREMEN im Ärmelkanal. (Hapag Lloyd)

Motorschiff BERLIN unterwegs mit 16 Knoten. (Hans Engler/DSM)

„Wieder auf allen Meeren"

Der Aufstieg des Norddeutschen Lloyd nach dem Zweiten Weltkrieg und der Weg in die Fusion 1970

Eine Reederei ohne Schiffe

In Bremen war der Zweite Weltkrieg Ende April 1945 zu Ende, die Stadt lag in Trümmern. Straßen waren unpassierbar, Bahnlinien unterbrochen, die Weserbrücken zerstört. Wracks und Minen blockierten den Hafen, viele Umschlagsanlagen waren defekt. Mitten in der Stadt ragte noch immer der Turm der Hauptverwaltung des Norddeutschen Lloyd in den Bremer Himmel. Doch seine protzige Pracht war dahin: Bomben hatten den Bau im Oktober 1944 in eine Ruine verwandelt – Symbol einer Reederei ohne Schiffe und Zukunft, Wiederaufbau unwahrscheinlich. Der Vorstand beklagte den Verlust „des größten Teils der Geschäftsakten sowie eines Teils der Proviant- und Silbervorräte".
Auch das Archiv war zerstört.

Die großen Dampfer waren versenkt, ausgebrannt, beschlagnahmt oder mussten demnächst an die Sieger ausgeliefert werden. Nur sein kleinstes Seeschiff war dem Lloyd geblieben: der Küstenfrachter BOGOTA mit gerade 1230 BRT, allerdings in Japan, unerreichbar

Bei einem Luftangriff am 6. Oktober 1944 wurde das Verwaltungsgebäude des NDL in der Bremer Innenstadt weitgehend zerstört. (Archiv NDL)

fern. Die deutsche Seeschifffahrt hatte Zwangspause und zwar auf unbestimmte Zeit. Dafür sorgten die Alliierten mit harter Hand.

Doch der Lloyd wollte nicht aufgeben. Um zu überleben, fing er ganz unten wieder an – im Keller seiner weitgehend ausgebrannten Zentrale. Dort ließen sich provisorisch ein paar Büros herrichten, auch wenn es vorerst nicht viel zu verwalten gab.

Hier saßen zwei Männer, beide über 40 und schon seit 1932 und 1938 im Vorstand der Reederei: Dr. Johannes Kulenkampff und Richard Bertram. Resignation war ihre Sache nicht. Sie wollten raus aus den Ruinen und wieder große Schiffe bereedern – allen Hindernissen zum Trotz. Das würde dauern, das wussten sie. Ehrgeizig und optimistisch schmiedeten sie Pläne, um den Lloyd wieder auf die Beine zu bringen. Dabei setzten sie auf ihre Erfahrung, ihre Beziehungen und neue Ideen.

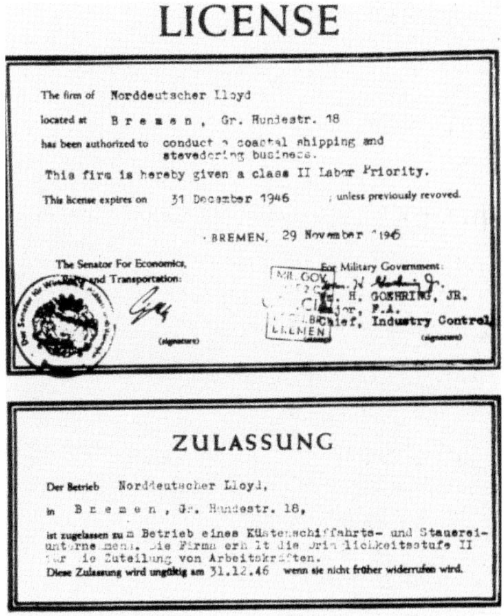

LICENSE

The firm of Norddeutscher Lloyd
located at Bremen, Gr. Hundestr. 18
has been authorized to conduct a coastal shipping and stevedoring business.
This firm is hereby given a class II Labor Priority.
This license expires on 31 December 1946 ; unless previously revoved.

BREMEN, 29 November 1945

The Senator For Economics, Ports and Transportation:
(signature)

For Military Government:
MIL. GOV. BREMEN
W. H. GOEHRING, JR.
Major, F.A.
Chief, Industry Control
(signature)

ZULASSUNG

Der Betrieb Norddeutscher Lloyd,
in Bremen, Gr. Hundestr. 18,
ist zugelassen zum Betrieb eines Küstenschiffahrts- und Stauereiunternehmens. Die Firma erhält die Dringlichkeitsstufe II für die Zuteilung von Arbeitskräften.
Diese Zulassung wird ungültig am 31.12.46 wenn sie nicht früher widerrufen wird.

„Zulassung" des NDL als „Küstenschiffahrts- und Stauereiunternehmen" durch die Besatzungsmacht. (Archiv NDL)

Start auf der Unterweser

Der Start war mühsam, aber er klappte: Am 29. November 1945 erhielt der Lloyd – Postadresse Große Hundestraße 18 – von der US-Militärregierung und vom Bremer Senator für Wirtschaft, Häfen und Verkehr die „Zulassung" als „Küstenschiffahrts- und Stauereiunternehmen". Sie galt zunächst nur bis Dezember 1946. Mit 300 Seeleuten und rund 50 Angestellten an Land versuchte der Vorstand, „im bescheidensten Umfang eine Geschäftstätigkeit wieder aufzunehmen".

Am 10. Januar 1946 erlaubten die Amerikaner dem Lloyd einen Unterweserdienst, zumal die Eisenbahn noch nicht wieder durchgehend fuhr. Bei scharfem Frost und Eisschollen auf der Weser nahm am 28. Januar 1946 der uralte Seitenraddampfer DELPHIN von 1905 einen täglichen Fracht- und Passagierdienst zwischen Bremen und Bremerhaven auf – mit Stopps in Vegesack, Farge, Elsfleth, Brake, Nordenham und Blexen.

Los ging es um 7 Uhr im Europahafen, meist voll besetzt mit hungrigen „Hamsterfahrern" auf der Jagd nach Butter, Speck und Kartoffeln. Zwölf Stunden später war die DELPHIN zurück. Liegeplatz in Bremerhaven war die Geesteeinfahrt.

Nach dem Zweiten Weltkrieg war der Bäderdampfer DELPHIN das erste wieder aktive Schiff des Norddeutschen Lloyd. Hier sehen wir es 1946 auf dem Weg von Bremen nach Bremerhaven. (Archiv NDL)

Mit der DELPHIN nach Wangerooge

Ab 1950 fuhr die DELPHIN wieder nach Wangerooge – wie vor dem Krieg. Doch schon am 29. August lief sie auf dem Weg zur Insel mit 600 Schulkindern an Bord auf Grund. Sie konnte für den Rückweg notdürftig abgedichtet werden. Im Februar 1951 kam der beschädigte Veteran in die Abwrackwerft.

Neben der DELPHIN nutzte der NDL als Inselfähre das kurz vor Kriegsende in Rostock fertiggestellte Minensuchboot M 611.

Ab Februar 1948 ließ er es für den Seebäderdienst nach Wangerooge und Norderney herrichten. Ende Mai stellte er das Marineboot unter dem Namen WANGEROOGE in Dienst, legte es jedoch bereits 1950 auf. Es war eben nur ein Provisorium.

Ausweg Gastronomie

Der Lloyd suchte neue Aufgaben und sah seine Chance nicht zuletzt im Bugsiergeschäft. Er charterte zunächst sechs Marineschlepper, die er später kaufte. In den von den Amerikanern in Bremen und Bremerhaven gebildeten Schlepper-Pool brachte der NDL seine 21 noch erhaltenen Schlepper aus der Vorkriegszeit ein, drei für den Küstendienst, vier für Häfen und Küste, neun Assistenz- und Streckenschlepper und fünf Streckenschlepper für die Weser. Stärkster Schlepper war LÖWE, seine Dampfmaschine leistete 1223 PSi. Von den Amerikanern übernahm der NDL Ende Oktober 1949 zwei moderne Kriegsschlepper mit 700 PS-Motoren und bis zum Frühjahr 1951 sechs weitere.

Seine kleinen Motorschiffe NORDER TILL von

Werbeplakat des NDL für seinen Seebäderdienst. (Archiv DSM)

Für den Anfang im Seebäderdienst reichte dem Lloyd die WANGEROOGE, ein umgebauter Minensucher der Kriegsmarine. (Archiv NDL)

1923 und WESTER TILL von 1929 übernahmen den Schleppleichterdienst zwischen Hamburg und Bremen. Wie alle deutschen Schiffe führten sie den Signalstander C. Auch das hatten die Alliierten so bestimmt.

Einen Teil ihres früheren Personals aus Küche und Service beschäftigte die „Reederei" ohne Schiffe in Hotels und Restaurants im Keller des zerstörten Verwaltungsgebäudes, für kurze Zeit von 1948 bis 1950 auf dem ehemaligen Wohnschiff der Kriegsmarine KNURRHAHN an der Schlachte, dann im Café Hillmann am Herdentor und im Lloyd-Hotel neben der bisherigen Gepäckabteilung am Hauptbahnhof. Die hatten die Bomben verschont. Dort zog später die Verwaltung ein.

In seiner Werft in Bremerhaven, dem „Technischen Betrieb", in Bremerhaven nur kurz TB genannt, reparierte der NDL mit wachsender Belegschaft ältere ausländische Schiffe, die den Krieg halbwegs überstanden hatten. Nun wurden sie wieder gebraucht.

Das Hapag-Lloyd-Reisebüro

Sein 90-jähriges Bestehen im Februar 1947 beging der Lloyd zeitgemäß bescheiden. Noch gab es nichts zu feiern. Im Januar 1948 wur-

Der Motorleichter WESTER TILL. (Archiv DSM)

de das Hapag-Lloyd-Reisebüro in Bremen wieder eröffnet. Wie die Werft brachte es vom Start weg Geld in die klamme Kasse.

Gut betreut durch Hapag-Lloyd
Werbeslogan 1950

Tourismus hatte Zukunft: Die Trümmergeneration zog es schon bald aus den großen Städten mit Bus und Bahn erst in die heile Welt der Berge und dann wenigstens für ein paar Tage in das sonnige Italien. Andere gingen als Auswanderer nach Amerika, Kanada oder Australi-

Die ehemalige Gepäckabteilung am Bremer Hauptbahnhof wurde nach dem Krieg Sitz der Verwaltung. (Archiv NDL)

en, weil sie zuhause keine Zukunft sahen. Ihre Tickets kauften sie bei „Hapag-Lloyd". Das Reisebüro machte die Marke schnell populär. Als erstes Kooperationsprojekt wies es schon früh den Weg in die Fusion.

Seinen Oldtimer GLÜCKAUF aus dem Jahre 1913 vercharterten die Bremer kurzzeitig an die Hapag. Sein Name klang wie ein Gruß an die Hamburger, Rivalen und Partner zugleich. Wie schon nach dem Ersten Weltkrieg war der nur 904 BRT große Seebäderdampfer GLÜCKAUF das „Flaggschiff" des NDL.

Das Hapag-Lloyd-Reisebüro am Herdentor in Bremen. (Archiv NDL)

Impulse durch die D-Mark

Die Währungsreform im Juni 1948 gab dem westdeutschen Wiederaufbau schnell kräftige Impulse. Ein Jahr zuvor war der Marshall-Plan gestartet, ein gigantisches Wiederaufbauprogramm der Amerikaner für das demokratische und marktwirtschaftliche Westeuropa. Die Binnenkonjunktur zog zügig an, doch der Außenhandel hinkte hinterher. Als sich die Großwetterlage zum Kalten Krieg zwischen Ost und West wandelte, wurden die bislang gegängelten Westdeutschen politische und wirtschaftliche Partner der Briten und Amerikaner. Gleichzeitig mit der Gründung der NATO im Frühjahr 1949 in Washington erlaubten sie ihnen Frachter mit bis zu 7200 BRT, allerdings nur mit technisch überholter Dampfmaschine statt moderner Diesel oder Turbinen und höchstens zwölf Knoten. Ab November 1949 durften sie auf deutschen Werften gebaut oder im Ausland gekauft werden. Doch solche Schiffe waren international nicht konkurrenzfähig und deshalb für keinen Reeder attraktiv.

Der Korea-Boom

„Unsere Wirtschaft ist im Aufstieg", meinte Bundeskanzler Konrad Adenauer im September 1949 etwas voreilig nur vier Monate nach der Gründung der Bundesrepublik Deutschland. Er drängte die Alliierten, die Forderungen der Werften und Reeder sowie der beiden Hafenstädte Bremen und Hamburg zu erfüllen und die maritimen Beschränkungen aufzuheben. Das Signal zum Kurswechsel kam aus Korea, wo die USA ab Herbst 1950 im UNO-Auftrag die Aggression der Kommunisten zurückschlugen. Während die Amerikaner kurzfristig zur Kriegswirtschaft zurückkehrten, konnte sich die schnell wachsende westdeutsche Industrie vor Bestellungen aus dem In- und Ausland kaum retten. Sie profitierte vom „Korea-

Dem Norddeutschen Lloyd gehörte bei Kriegsende 1945 außer dem kleinen Küstenfrachter BOGOTA in Japan kein einziges Seeschiff. (Archiv NDL)

Boom". Explodierende Rohstoffpreise sorgten allerdings für ein gewaltiges Handelsdefizit. Kohle und Stahl waren knapp, den Unternehmen fehlte Geld für Investitionen. Das spürten auch die Werften. Doch in der Krise bewährte sich die junge Marktwirtschaft: „Korea" brachte den Wachstumsdurchbruch für den Westen und einen gewaltigen Schub für den Überseehandel in den norddeutschen Häfen.

Suche nach Charterschiffen

Im Sommer 1950 kehrte der Motorfrachter BOGOTA nach Bremen zurück – eine Geste zwar, betriebswirtschaftlich jedoch unbedeutend. Das nur 1230 BRT große Schiff war 1938 als Zubringer für die südamerikanische Westküstenfahrt gebaut worden.

Als Lloyd-Vorstand Richard Bertram mit seinem Hapag-Kompagnon Werner Traber im selben Jahr in die USA reiste, ging es ihnen um viel mehr: Sie wollten das brachliegende Agenturnetz neu knüpfen und sie suchten Charterschiffe mit mindestens 15 Knoten für die nun bald bevorstehende Rückkehr ihrer Reedereien in die Überseeschifffahrt. Zunächst noch ohne Erfolg.

So wurde der alte Kohlendampfer HERMOD der Hamburger „Frigga"-Reederei der erste Charter-Frachter des Lloyd. Er fuhr im wiederbelebten Gemeinschaftsdienst mit der Hapag zwischen Deutschland und der US-Ostküste mit den Häfen New York, Baltimore, Norfolk und Philadelphia. Für Ladung sorgte der Marshall-Plan. Als nächstes kam die Route Kuba-Mexiko-US-Golf hinzu, dann die nach Nordbrasilien.

Seinen Überseedienst begann der NDL mit dem gecharterten Frachter HERMOD. (Archiv DSM)

Der erste Neubau

Bereits im Frühjahr 1950 bestellte der Norddeutsche Lloyd beim Bremer Vulkan in Bremen-Vegesack sechs 120 Meter lange und 15 Knoten schnelle Motorfrachter der mit rund 5000 Tonnen Tragfähigkeit. Sie ersetzten die bisherigen unwirtschaftlichen und unzulänglichen Charterschiffe. Trotz Stahlknappheit konnte der NDL die Neubauten ab März 1951 in monatlicher Folge in Dienst stellen. Die Rheinstein-Klasse fuhr bis in die Containerzeit.

Offiziell hoben die Besatzungsmächte in der Bundesrepublik erst am 3. April 1951 ihre letzten Industriekontrollen auf und gaben damit den unbeschränkten Schiffbau für den Wiederaufbau der neuen Handelsflotte frei. Die Werften verlangten damals 20 Prozent des vereinbarten Preises bei der Bestellung und jeweils noch einmal dieselbe Summe bei der Kiellegung, zur Halbzeit des Rohbaus, beim Stapellauf und bei der Übernahme. Das konnten die Reeder nur mit Bürgschaften, zinsgünstigen Bundesdarlehen, ERP-Krediten und vor allem mit für sie maßgeschneiderten Steuervergünstigungen schaffen.

Offiziell ließ der umsichtige Vorstand die ersten Lloyd-Frachter für die Tochtergesellschaften Roland Linie und Orlanda Reederei eintragen, die die Schiffe an den NDL vercharterten. So ließen sich die neuen Schiffe in den Zielhäfen vor allem in den USA nicht wegen noch ungeklärter Auslandschulden aus der Vorkriegszeit an die Kette legen.

Die RHEINSTEIN mit dem schwarzen Topp der Roland Linie. (Archiv DSM)

NABOB und TRAUNSTEIN

Von 1950 auf 1951 verdoppelten sich die deutschen Exporte – Autos, Maschinen, Elektrotechnik und chemische Erzeugnisse gingen per Schiff in wachsender Zahl fast in die ganze freie Welt. Ab Ende 1951 exportierte Westdeutschland bereits mehr, als es einführte. Nun war weitere Tonnage gefragt. Mit der amerikanischen NABOB kaufte der Lloyd 1951 als erste deutsche Reederei nach dem Krieg ein Seeschiff im Ausland.

Die Werft AG „Weser" in Gröpelingen baute den früheren Hilfsflugzeugträger zum größten

Die NABOB war der größte Frachter des NDL. (Maack/Archiv DSM)

Turbinenfrachter unter deutscher Flagge um (13.015 Tonnen Tragfähigkeit). Auf ihm bildete der Lloyd viele Jahre lang seinen Offiziersnachwuchs aus. Ebenfalls 1951 kaufte der NDL einen seiner Vorkriegsfrachter zurück und brachte ihn bis 1960 als TRAUNSTEIN in Fahrt.

Schneller Linienausbau

Ohne Hapag-Partner, dafür aber in Kooperation mit der Oldenburg-Portugiesischen Dampfschiffs-Rhederei (OPDR) in Hamburg, holten die neuen Kühlschiffe LICHTENSTEIN und LIEBENSTEIN für die Roland-Linie Bananen, Zitronen und Tomaten von den Kanarischen Inseln. Zugleich brachten sie in ihren Passagierkabinen bis zu zwölf deutsche Urlauber in die Atlantiksonne vor der Küste Nordafrikas.
Der Neuaufbau des Lloyd war ein wirksames privates Arbeitsbeschaffungsprogramm für den Unterweserraum: Über 3000 Menschen standen Ende 1951 bei ihm in Lohn und Brot, nur ein Viertel der Vorkriegszahl, aber das Zehnfache der Startmannschaft von 1945 – ein bemerkenswerter Erfolg in so kurzer Zeit. Von der Währungsreform bis Ende 1953 vervierfachte sich der westdeutsche Außenhandel. Der Lloyd-Vorstand setzte konsequent auf Expansion; der Ausbau der Linien ging Schlag auf Schlag. Im Januar 1953 startete er mit drei Neubauten der BRANDENSTEIN-Klasse zur Westküste Südamerikas.

Turbinenfrachter für Ostasien

Und kurz darauf kehrte er mit dem 17,5 Knoten schnellen Turbinenschiff WESERSTEIN auch nach Ostasien zurück, Endhafen war Yokohama

Das Kühlschiff LICHTENSTEIN fuhr im Fruchtdienst nach den Kanarischen Inseln. Ihre Passagierkabinen waren bei Urlaubern wegen dieses sonnigen Zieles sehr beliebt. (Archiv NDL)

Motorschiff BRANDENSTEIN. (Rolf Meinecke)

Die WESERSTEIN fuhr im Ostasiendienst. (Archiv NDL)

bei Tokio. Sechs weitere Frachter dieses Typs folgten. 1954 kamen neue Linien an die Westküste Nord-, Mittel- und Südamerikas, nach Australien sowie zu den Großen Seen zwischen den USA und Kanada hinzu. Der Lloyd war wieder zurück auf allen Meeren! Am Jahresende konnte sich der Bremer Vulkan über eine Bestellung von fünf weiteren Frachtern der bereits bewährten BRANDENSTEIN-Klasse freuen. Sie sollten innerhalb von zwei Jahren ihren Dienst aufnehmen. Von der Fruchtfahrt und dem Dienst nach Nordbrasilien fuhren die Lloyd-Frachter in einem Gemeinschaftsdienst mit der Hapag, in dem vieles gut funktionierte, auch wenn es hier und da Spannungen gab. Auch die Technischen Abteilungen arbeiteten zusammen, was sich nach außen am deutlichsten im Bau von Schwesterschiffen zeigte.

Lloyd-Liner „unmöglich"

Frachter hatten Vorrang, doch der Lloyd drängte auch zurück in den Passagierverkehr. Der hatte bei den Bremern Tradition seit Gründung der Reederei 1857. Auf dem Nordatlantik machte die ausländische Konkurrenz aus der Vorkriegszeit längst wieder gute Geschäfte.

> *Es ist unmöglich, für absehbare Zeit einen Passagierdienst nach New York wieder aufzunehmen.*
>
> *Der Lloyd-Vorstand, August 1950*

Die Alliierten traten weiter auf die Bremse; sie hatten ihre eigenen Schiffe auf dem Nordatlantik und kannten die Attraktivität der Lloyd-Dampfer noch aus der Vorkriegszeit. Dennoch behielten Bertram und Kulenkampff ihr Ziel fest im Auge. Sie erwarteten, dass sich der Reiseverkehr zwischen Deutschland und den USA durch Auswanderer, Touristen, Familienbesucher und Geschäftsleute weiter beleben werde. An ihnen wollten sie ebenfalls verdienen und zwar bald.

Die WERRASTEIN in Bremen, vorn die FRIEDRICH bei einer Hafenrundfahrt. (Slg. G.F. Oetker)

Mannschaftskammer auf der WERRASTEIN. (Deutsche Werft/Archiv DSM)

Mit der Schweden-Amerika Linie

Auch ohne einen eigenen Liner hatte der NDL mit Passagierschiffen zu tun: In seinen Reisebüros verkaufte er Fahrscheine für ausländische Reedereien und dank seines über den Krieg geretteten Know-hows fertigte er deren Liner in Bremerhaven auch ab. Eines dieser vom Lloyd seit 1950 betreuten Schiffe war die GRIPSHOLM der Schweden-Amerika Linie. Die anfangs bescheidene Kooperation entwickelte sich für den Norddeutschen Lloyd zum Schlüssel für die Rückkehr in die eigenständige Passagierschifffahrt auf dem Nordatlantik. Der Bremer Senat unterstützte die ambitionierte Comeback-Planung. Bürgermeister Wilhelm Kaisens griffige Wiederaufbau-Parole „Erst der Hafen, dann die Stadt" sorgte für strukturelle Vorleistungen des Landes in Bremen und Bremerhaven. Die wichtigste war 1952 der Neubau einer großzügigen Fahrgastanlage an der von den amerikanischen Besatzern dafür teilweise geräumten Columbuskaje. Sie entstand auf Drängen des Norddeutschen Lloyd und schuf die Voraussetzung dafür, dass sich Bremerhaven zum bedeutendsten Passagierhafen des Kontinents entwickeln konnte. 1953 wurden bereits über 90.000 Fahrgäste gezählt – Tendenz stark steigend.

Die GRIPSHOLM 1950 vor der Lloydhalle in Bremerhaven. (Karl Schemkes/Archiv DSM)

Heimathafen der GRIPSHOLM ist jetzt Bremen. (Archiv DSM)

Rückkehr in die Passagierfahrt

Der ebenso funktionale wie formschöne Columbusbahnhof mit dem markanten Rundbau an seinem südlichen Ende beflügelte die Bemühungen des Lloyd um eine Rückkehr in die Passagierschifffahrt. Sie gelang ihm mit den Schweden, die 1953 ihre 1925 gebaute GRIPSHOLM durch die neue KUNGSHOLM ersetzen wollten, die spätere EUROPA des NDL von 1966. 1953 verhandelte der Lloyd, wann und wie er den Veteranen übernehmen konnte. Der Vorstand entwickelte mit den entgegenkommenden Schweden ein modernes Konzept: Um Kapitalaufwand und Betriebsrisiko zunächst zu teilen, gründete er mit den Schweden nur für die GRIPSHOLM die Bremen-Amerika Linie. 1959 musste der Lloyd den alten Liner allein übernehmen, der seinen günstigen Kaufpreis von 10 Millionen DM bis dahin selbst verdienen sollte. Die Schweden verlangten statt DM harte Dollars, die allerdings noch nicht frei verfügbar waren.

Kombischiffe für Ostasien

Kurz bevor er mit der GRIPSHOLM auf die stark frequentierte Traditionsroute Bremerhaven-New York zurückkehrte, nahm der Lloyd Ende Januar 1954 mit dem eleganten Kombifrachter SCHWABENSTEIN den Passagierdienst nach Ostasien wieder auf. „Ein Schiff, wie wir es heute brauchen", urteilte Bundesverkehrsminister Hans-Christoph Seebohm, als er sie in Bremen besichtigte. Doch damit lag er leider falsch, wie sich schon bald zeigen sollte. Die baugleichen HESSENSTEIN und BAYERNSTEIN folgten im Juni 1954 und Januar 1955. Die Kombis konnten 9600 Tonnen laden und 87 Passagiere Erster Klasse mitnehmen. Alle Kabinen lagen außen und hatten Klimaanlage, Bad oder Dusche und Toilette. Die Fachzeitschrift „Seekiste" war begeistert: Die Schiffe seien „Visitenkarten des deutschen Schiffbaues". Bereits 1951 hatte der Vorstand die Kombischiffe entwerfen lassen, nachdem Vorstand Dr. Kulenkampff im März dieses Jahres an der Gästefahrt der SANTA URSULA auf der Unterelbe teilgenommen hatte. Mit diesem Kombischiff für 27 Passagiere kehrte die Hamburg Süd in den Südamerikadienst zurück. Stahlmangel verzögerte

MEHR ZUM THEMA

Harald Focke, Frank Scherer
Mit dem Kombischiff nach Rio und Fernost
Hamburg Süd, Hapag und NDL 1950–1968
88 Seiten, gebunden, Oceanum Verlag, Euro 19,90

den Bau der viel größeren Bremer Ostasienliner um zwei Jahre. Mehr als drei Monate dauerte deren Rundreise von Bremen über Southampton und Antwerpen durch das Mittelmeer und den Suezkanal nach Singapur, Manila, Hongkong bis Yokohama und zurück. Auf der „Empire Route" waren meist mehr Briten im Kolonialdienst an Bord als Bundesbürger. Denen fehlte zunächst das Geld für lange Reisen in ferne

Die SCHWABENSTEIN 1954 mit dem schwarzen Schornsteintopp der Roland Linie. (Archiv Bremer Vulkan)

Das Ostasienkombischiff SCHWABENSTEIN. (Archiv DSM)

Die Gesellschaftshalle der SCHWABENSTEIN. (Archiv DSM)

Eine Kabine der SCHWABENSTEIN. (Archiv Bremer Vulkan)

Länder. Sie buchten ihre Luxus-Koje bestenfalls bis Antwerpen oder Genua. Ausgebucht waren die Kabinen selten. Manchmal haperte es auch mit der Ladung, denn der Handel zwischen Deutschland und Asien steckte noch in den Kinderschuhen.

Glücksfall GRIPSHOLM

Am 1. Februar 1954 verließ mit der GRIPSHOLM nach 15 Jahren Zwangspause erstmals wieder ein Fahrgastschiff unter deutscher Flagge und mit Bremen als Heimathafen die Columbuskaje. Ihr Empfang in New York war so stürmisch wie ihre Überfahrt. Die GRIPSHOLM war fast 30 Jahre alt, klein und langsam, aber behaglich. Für die Männer in der strapazierten Maschine war sie ein Arbeitsschiff – es gab also immer mehr zu tun, als ihnen lieb war. Mit der BREMEN und der EUROPA, den Superstars der Vorkriegszeit, war die nur rund 180 Meter lange GRIPSHOLM nicht vergleichbar und doch war sie ein Glücksfall für den Lloyd: Mit ihm kehrte er endlich in die Passagierschifffahrt zwischen Deutschland und den USA zurück, die ihn berühmt gemacht hatte. Ein solches Comeback schaffte keine andere deutsche Reederei. Selbst in Hamburg zog man den Hut vor der „beachtenswerten Pionierleistung" der Bremer und sprach sogar von einem „epochemachenden Ereignis."

Alt-Personal geht wieder an Bord

Die Fahrgäste auf beiden Seiten des Atlantiks nahmen das neue NDL-Angebot gerne an, nicht zuletzt die Deutsch-Amerikaner, die nun auf einem deutschen Schiff Verwandte oder unzerstörte Stadtschönheiten mit Romantik-Flair wie Heidelberg oder Rothenburg ob der Tauber besuchen konnten. Um sie kümmerte sich an Bord bestens geschultes Alt-Personal des Lloyd. Jetzt zahlte sich dessen Weitsicht aus, seine guten Leute in Hotels und Restaurants an Land „überwintern" zu lassen. Nun fuhren sie wieder hinaus. Vorbei waren die tristen Tage, als in den Bremer Textilläden Handtücher und

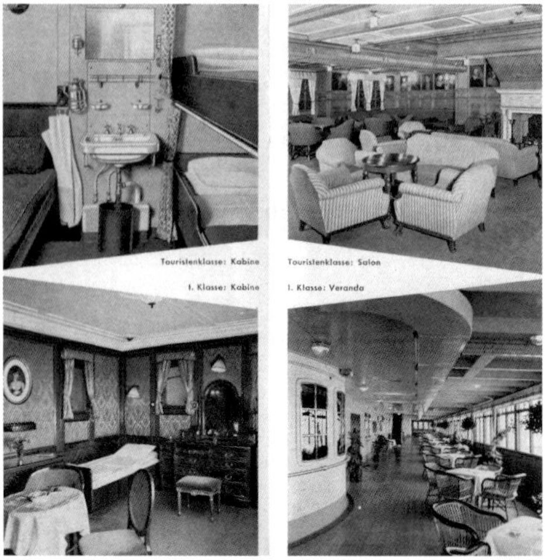

Die Ausstattung der GRIPSHOLM war gediegen, aber altmodisch wie aus der Zeit gefallen. (NDL)

Bettbezüge aus den Wäschekammern ehemaliger Lloyd-Liner verhökert wurden und deren Offiziere ihr karges Brot als Hafenarbeiter, Pflasterer oder Straßenbahner verdienen mussten.

„Projekt 6/53 B" scheitert

Er ging davon aus, dass er den Oldtimer bestenfalls bis Anfang der 1960er-Jahre einsetzen konnte. Deshalb wollte er sich frühzeitig um ein moderneres Ersatzschiff für den Liniendienst auf dem Nordatlantik bemühen, am liebsten um einen Neubau. Bereits Anfang Juli 1953 hatte der NDL den Bremer Vulkan um ein Angebot für ein möglichst wirtschaftliches Passagierschiff mit etwa 1000 Betten der Touristenklasse gebeten. Die Strecke zwischen Bremerhaven und New York sollte es in einer Woche zurücklegen. Damit war eine Dienstgeschwindigkeit von gut 20 Knoten vorgegeben. Das bereits Ende Oktober 1953 dem NDL vorgestellte „Projekt 6/53 B" im konservativen reedereitypischen Design der Ostasien-Schnelldampfer der 1930er-Jahre, aber mit zwei revolutionären schlanken achteren Abgaspfosten und zwei Dieselmotoren war mit 70 Millionen DM viel zu teuer, berechnet auf den Zeitpunkt der Lieferung vor dem 100. Geburtstag des NDL im Februar 1957. Das war eine Summe, die der Lloyd nicht stemmen konnte, zumal sie sich noch erhöhen konnte. Seit der Freigabe des Seeschiffbaus boomten die deutschen Werften. Sie hatten lange Lieferfristen und verlangten Preisgleitklauseln. Einen arbeitsaufwendigen Passagierschiffsneubau konnten die Reeder unter solchen Umständen nur schwer berechnen. Auch Tonnage aus zweiter Hand war nach den Kriegsverlusten in vielen Ländern rar. Zwangsläufig suchte der Lloyd nach neuen Wegen.

70 Millionen DM kosteten auch die drei Ostasien-Kombischiffe, denen er den Vorzug gab gegenüber dem Nordatlantikliner-Neubau. Das war kaum verständlich, denn das Verkehrsaufkommen zwischen Deutschland und den USA lag viel höher als auf der langen Route bis Yokohama. Hätte der Lloyd auf die in ihrer Rentabilität von vornherein fragwürdigen Kombischiffe verzichtet, hätte er wahrscheinlich das vielversprechende Vulkan-Projekt verwirklichen können. Doch sicher ist das nicht. Denn für die Finanzierung des Amerika-Liners hätten Bertram und Kulenkampff eine Ausweitung der ERP-Darlehen auf Passagierschiffe erreichen müssen, wofür sie sich stets hinter den Kulissen

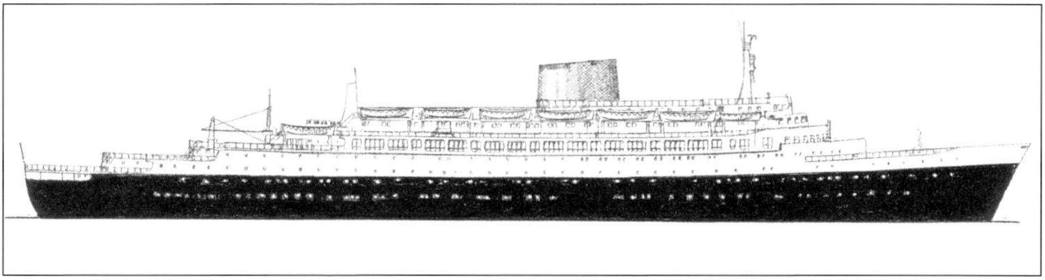

Der Entwurf des Bremer Vulkans 6/53 B für einen NDL-Nordatlantikliner von 1953. (Karsten Kunibert Krüger-Kopiske)

und manchmal auch öffentlich einsetzten, ohne jedoch ihr Ziel zu erreichen.

Verpasste Chance?

Hätte der Lloyd anstelle der Kombischiffe gleichzeitig drei weitere Ostasien-Turbinenfrachter der seit 1953 gebauten Weserstein-Klasse geordert, wären diese beim Vulkan für jeweils gut 13 Millionen DM zu haben gewesen. Pro Schiff wären davon fast 5 Millionen DM zinsgünstig mit staatlicher Unterstützung kreditiert worden, von der kräftigen Steuerentlastung gar nicht zu reden. Diese Bestellung unterblieb wahrscheinlich deshalb, weil der NDL Überkapazitäten vermeiden wollte.
Ein im Herbst 1953 anstatt der drei Kombischiffe georderter Nordatlantikliner wäre die eindeutig beste Entscheidung gewesen. Ohne die sechs Fernost-Kombischiffe – zu drei weiteren hatte sich die Hapag vom NDL überreden lassen – hätte der Bremer Liner wegen der dadurch frei gewordenen Werftkapazität in Bremen-Vegesack im Herbst 1956 auf Jungfernreise gehen können. Er hätte rund 15 gute Jahre vor sich gehabt und anders als die spätere BREMEN die Chance auf eine schwarze Null. Denn er wäre neben dem Liniendienst und nach dessen Ende problemlos für Kreuzfahrten weltweit nutzbar gewesen. „Projekt 6/53 B" war also eine versäumte Chance für den NDL.

GLÜCKAUF nach Helgoland

1954 kehrte der Lloyd zurück in die Helgolandfahrt. Am Himmelfahrtstag Ende Mai fuhr zum ersten Mal nach dem Krieg wieder ein Bäderschiff von Bremerhaven nach Helgoland. Pünktlich um 8.45 Uhr legte die über 50 Jahre alte GLÜCKAUF vollbesetzt an der Kaiserschleuse ab. Nach vier Stunden Fahrt bei Sonne und mäßigem Wind erreichte das 68 Meter lange Motorschiff die Helgoländer Reede. Börteboote brachten die mehr als 700 Passagiere auf die Insel. Sechs Jahre lang war die GLÜCKAUF unter der Kontorflagge des Bremer Seebäderdienstes das Bremer Helgolandschiff.
Auch die Schleppschifffahrt baute der NDL ab 1954 aus, zunächst in Bremen und Bremerhaven, ab 1958 wegen der neuen Ölpier auch

Die GLÜCKAUF war von 1954 bis 1960 das Bremer Helgolandschiff. (Archiv NDL)

in Wilhelmshaven. Die Jadewerft in Wilhelmshaven lieferte 1954 den innovativen Diesel-Schlepper STIER mit einem neuartigen Antrieb, bestehend aus zwei Voith-Schneider-Propellern aus jeweils vier senkrecht stehenden Flügeln, die um eine gemeinsame Achse rotieren. Die Veränderung des Anstellwinkels der Flügel lenkte den Schub in eine beliebige Richtung. Damit war der Schlepper („Wassertrecker") besonders wendig und kräftig. Die STIER setzte der Lloyd 24 Jahre lang in den bremischen Häfen ein. Sie war weltweit das Vorbild für hunderte von Hafenschleppern. Als das Jahr 1954 zu Ende ging, besaß der Lloyd 25 Seeschiffe

1978 übergab der NDL den Schlepper STIER dem Deutschen Schifffahrtsmuseum, das ihn bis heute auf dem Freigelände an Land zeigt. (Tobias Gerken)

und zahlte mehr als 4000 Beschäftigten Lohn- und Gehalt. Er war im Unterweserraum ein begehrter Arbeitgeber und musste längst nicht jeden nehmen, der sich bei ihm bewarb. Die Zahl der Arbeitslosen in Westdeutschland sank zwar stetig, doch selbst am Ende des Boomjahres 1955 gingen noch über eine halbe Million Menschen „stempeln". Erst gegen Ende des Jahrzehnts wurden Seeleute knapp.

Unsere an den Einsatz der GRIPSHOLM geknüpften Erwartungen haben sich voll erfüllt.

Der NDL-Vorstand, Ende 1954

Rauchsalon der BERLIN. (Deutsches Schifffahrtsmuseum)

GRIPSHOLM wird BERLIN

Die GRIPSHOLM hieß ab Januar 1955 BERLIN. Sie erhielt den traditionellen schwarzen Lloyd-Rumpf und als letzter Bremer Liner den weißen „Schnelldampferstreifen" knapp über der Wasserlinie. Von New York aus machte die BERLIN 1955 die erste Kreuzfahrt eines deutschen Schiffes seit 1939. Mitten im Kalten Krieg bekräftigte der neue Name den Anspruch des frei-

BERLIN auf See. (NDL)

Der Lloyd hoffte besonders auf Deutsch-Amerikaner als Passagiere auf seiner BERLIN. (NDL)

en Westens auf eine ungeteilte Stadt in einem wiedervereinigten demokratischen Deutschland. Zugleich deutete er intern an, dass der Lloyd Größeres plante. Bremens Bürgermeister Wilhelm Kaisen sprach es als erster aus: Er hoffe, bald eine neue BREMEN taufen zu können.

Schwarzer Topp verschwindet

Anfang Mai 1955 nutzte der Lloyd den Stapellauf der TANNSTEIN, um ein Provisorium zu beenden: Auf allen Frachtern ließ er die Kontorflaggen der Roland-Linie und der Orlanda-Reederei einholen, nachdem das Londoner Schuldenabkommen eine Einigung mit den ausländischen Lloyd-Gläubigern gebracht hatte. Der schwarze Topp konnte verschwinden. Jedes Lloyd-Schiff, das jetzt Bremen oder Bremerhaven verließ, nahm 50 Kilo ockergelbe Farbe an Bord, um auf See den Schornstein umzumalen.

Neben den Neubauten kehrte die frühere PORTA des NDL von 1922 als TRIERSTEIN 1955 in die Flotte zurück. Im selben Jahr wurde sie durch die „Viermaster" RAVENSTEIN, ROTHENSTEIN und REIFENSTEIN ergänzt, die der NDL im Zweiten Weltkrieg bei Cockerill in Hoboken geordert, aber nicht bekommen hatte. 1961 erhielten sie neue Diesel von MAN, die ihre Geschwindigkeit aber nicht veränderten. Der Bremer Vulkan lieferte 1955 die TORSTEIN ab.

„Wieder auf allen Meeren"

Die erste Phase des Wiederaufbaus war abgeschlossen. 30 Seeschiffe hatten mehr als 300 Millionen DM verschlungen. Sie fuhren „Wieder auf allen Meeren", wie der Lloyd selbstbewusst hervorhob. Er hatte jeweils rund die Hälfte der Tonnage und des Streckennetzes von 1939 erreicht. Allerdings musste er sich weiter anstrengen, um sich vor allem gegen neue Konkurren-

TANNSTEIN. (NDL)

Die ROTHENSTEIN. (Slg. Eberhard Nölke)

Schlafraum des Kapitäns auf der TORSTEIN. (Archiv Bremer Vulkan/Slg. Joachim Buchwald)

Die TORSTEIN im Flaggenschmuck am Kai. (Archiv Oceanum)

ten aus dem Ostblock und der „Dritten Welt" zu behaupten, deren Dampfer zu Dumpingpreisen fuhren. Der Lloyd konterte ab 1955 mit sechs modernen Motorfrachtern der BIRKENSTEIN-Klasse. Dem Typschiff folgten bis Ende 1956 BISCHOFSTEIN, BREITENSTEIN, BODENSTEIN, BARTENSTEIN und BLANKENSTEIN.

Kluge Diversifizierung

Der Lloyd setzte auf Zuverlässigkeit und Pünktlichkeit. Ohne sein motiviertes und qualifiziertes Personal an Bord und an Land wäre der Lloyd nicht auf Dauer erfolgreich gewesen.
Die Vielfalt seiner weltweiten Verkehrsverbindungen bewährte sich: Sie sorgte bei konjunkturellen Schwankungen im Ladungsaufkommen auf einzelnen Routen oder in politischen Krisen für einen Risikoausgleich. Die aus der Not der unmittelbaren Nachkriegszeit geborene, in den folgenden Jahren strategisch klug ausgebaute Diversifizierung durch die Schlepper, die Stauerei, die Bremerhavener Werft und den Tourismus trug dazu wesentlich bei. Bis 1956 hatte der Lloyd 310 Millionen DM investiert.

HEIN MÜCK nach Wangerooge

1956 unternahm der Norddeutsche Lloyd mit der HEIN MÜCK einen kurzen Ausflug in den Seebäderdienst zwischen Bremerhaven und Wangerooge. Im April 1956 hatte er in England für seine Tochter Wangerooge-Dienst ein ehemaliges Landungsboot der Royal Navy gekauft,

Tagesraum für Offiziere auf der BREITENSTEIN. (Archiv Bremer Vulkan/Slg. Joachim Buchwald)

Rechts: Die BODENSTEIN in New York, Blick über Brooklyn. (Detlef Spangenberg)

Das Typschiff BIRKENSTEIN. (Detlef Spangenberg)

Das Motorschiff BODENSTEIN. (Archiv DSM)

BODENSTEIN

Zweibettkabine auf der BIRKENSTEIN. (Suchefort/ Archiv Bremer Vulkan)

Die Offiziersmesse der BISCHOFSTEIN. (Suchefort/ Archiv Bremer Vulkan)

das zuvor als ROCHESTER QUEEN auf dem Medway und der Themse eingesetzt war. Dank seines geringen Tiefgangs war es gut für das Wattenmeer geeignet. 1960 stieß er die HEIN MÜCK wieder ab, da der von Bremerhaven aus leicht erreichbare Ostanleger auf Wangerooge nicht länger nutzbar war.

Noch nicht zufrieden war der Lloyd-Vorstand mit dem bisherigen Angebot in der transatlantischen Passagierschifffahrt. Die BERLIN sei „nicht das Endziel", verriet Kulenkampff ganz in Bürgermeister Kaisens Sinn der Presse. Ein zweiter Liner, deutlich größer, schneller und moderner als die BERLIN, verhieß noch bessere Geschäfte, glaubte der NDL.

Die BERLIN ist nicht das Endziel.
Dr. Johannes Kulenkampff 1956

100 Jahre NDL

Am 20. Februar 1957 feierte der Lloyd sein einhundertjähriges Bestehen mit einer Flotte von 36 Seeschiffen, davon 32 Neubauten seit 1951. Die Bundespost druckte eine 15-Pfennig-Briefmarke mit der Silhouette eines Kombischiffs der Schwabenstein-Klasse. Bremen und der Norddeutsche Lloyd waren wieder eins: Auf allen öffentlichen Gebäuden und vielen Firmen flatterten Fahnen, sogar am Bremer Rathaus wurde die Reedereiflagge aufgezogen. In der unteren Halle lief eine Lloyd-Ausstellung, oben schüttelten die Vorstände Kulenkampff und Bertram mit ihrem seit 1954 amtierenden Stellvertreter Ernst Path zwei Stunden lang die Hände der Gratulanten. Die Aufbauleistung seit 1945 sei enorm, meinte Bürgermeister Kaisen. Der Lloyd habe Bremen stets mit dem internationalen Handel verbunden. Bundesverkehrsminister Seebohm bescheinigte ihm, er habe ein Jahrhundert lang den deutschen Namen in

Die HEIN MÜCK setzte der NDL zwischen Bremerhaven und Wangerooge ein. (Archiv NDL)

vorbildlicher Weise in die Welt getragen. Doch seine Hoffnung, zum Jubiläum ein neues Passagierschiff in Dienst stellen zu können, habe sich nicht erfüllt, plauderte Seebohm aus. Aus den Mienen von Bertram und Kulenkampff wich das Strahlen. Seebohm hatte einen wunden Punkt getroffen, ausgerechnet an diesem Tag.

Passagierschiffe können auch durch noch so schnelle Flugdienste nicht ersetzt werden.
Bundesverkehrsminister
Hans-Christoph Seebohm 1957

Projekt PASTEUR

Der Lloyd fand noch im Jubiläumsjahr eine überzeugende Alternative: Er wollte einen nicht zu alten großen und schnellen Turbinen-Liner kaufen, ihn aber anders als die GRIPSHOLM umfassend modernisieren. So wollte er Geld sparen und außerdem rascher am Markt sein als mit einem kompletten Neubau. Auf ihn hätte er wegen des anhaltenden Booms auf deutschen Werften lange warten müssen.

Seit Anfang 1957 stand die 1939 für den französischen Südatlantikdienst gebaute PASTEUR zum Verkauf. Kein zahlender Passagier war jemals mit ihr gefahren, ihre zivile Karriere hatte der Krieg verhindert. Stattdessen diente die PASTEUR bis 1956 als Truppentransporter, erst den Briten, dann den Franzosen.

Nun war sie weitgehend verschlissen, doch ihr Riesenrumpf mit dem modernen Steven reizte den Lloyd zum Umbau als neue BREMEN. Massive antideutsche Ressentiments der Franzosen verzögerten den Kauf, verhindern konnten sie ihn nicht. 30 Millionen DM kostete die PASTEUR.

Ende September 1957 holte der Lloyd sein künftiges Flaggschiff aus einer Bucht bei Brest

Die PASTEUR bei ihrer Ankunft in Bremerhaven. (Deutsches Schifffahrtsmuseum)

nach Bremerhaven. Vorstand Richard Bertram genoss die Pressepräsentation des Modells der BREMEN im noblen Park-Hotel als seine bisher schönste Amtshandlung. Die Passagierschifffahrt auf dem Nordatlantik sei entgegen manchen Prognosen keineswegs am Ende, versicherte er zuversichtlich wie immer.

Was ab Januar 1958 beim Bremer Vulkan in Vegesack in einer gewaltigen Anstrengung entstand, kam fast einem Neubau gleich. In anderthalbjähriger Tag- und Nachtarbeit wurde die 212 Meter lange PASTEUR innen und außen gründlich modernisiert. Kessel und Turbinen wurden ausgetauscht oder überholt. Die eleganten Gesellschaftsräume und die Kabinen für 1122 Passagiere entstanden neu.

Flaggschiff BREMEN

Am 9. Juli 1959 ging die BREMEN auf Jungfernreise nach New York. Nie wieder wurde ein neuer Nordatlantikliner mit Schwarz-Rot-Gold am Heck in Dienst gestellt. Mit 32.336 BRT war die BREMEN das Flaggschiff der deutschen Handelsflotte. Sie war Spitze in Komfort, Verpflegung und Service – der beste Liner zwischen Deutschland und den USA und mit gut 23 Knoten nach der UNITED STATES auch der schnellste.

Wir haben nicht die leiseste Sorge,
dass die BREMEN nicht noch 20 Jahre
auf dem Atlantik fahren kann.

Dr. Johannes Kulenkampff 1959

Der Umbau der BREMEN in Vegesack ging zeitweise auch nachts weiter. (Archiv Bremer Vulkan)

„Wer kennt die RUHRSTEIN?"

Ein führender Ingenieur fasste die Stimmung beim Lloyd zusammen: „Die BREMEN galt als Prestigeobjekt in der Tradition der Vorkriegs-BREMEN. Geldverdienen ist wünschenswert, kommt aber erst in zweiter Linie. Nach dem verlorenen Krieg brauchten wir Deutschen wieder etwas, auf das wir stolz sein konnten. Mit der Fußballweltmeisterschaft 1954 allein war das nicht getan. Eine neue BREMEN passte gut in die Zeit. Sie machte den weitgehend geschafften Wiederaufbau und damit das »Wirtschaftswunder« draußen sichtbar. Was bei der BREMEN an Verlust gemacht wird, muss von den

Das Bauschild der BREMEN. (Archiv Bremer Vulkan)

Die BREMEN verließ im Mai 1959 das Bollwerk des Bremer Vulkan und fuhr nun ein einziges Mal weserabwärts nach Bremerhaven. Im Dock des Technischen Betriebs des NDL wurden Stabilisatoren eingebaut. Der Unterwasserrumpf wurde gereinigt und gestrichen. Am 23. Mai übernahm der NDL das Schiff. (Archiv NDL)

BREMEN V. (Hapag Lloyd)

Frachtern verdient werden, die wiederum von dem Ansehen profitieren, das ein Schiff wie die BREMEN dem Lloyd gibt. Wer kennt in Hintertupfingen schon die TANNSTEIN, die WESERSTEIN oder die RUHRSTEIN?"

Cleveres Umbaukonzept?

Grundsätzlich war das Umbaukonzept eine clevere Entscheidung. Doch die Beseitigung zunächst nicht entdeckter Mängel der PASTEUR und zu hohe Ansprüche an die Ausstattung der BREMEN trieben die Kosten und verringerten

Die BREMEN am 9. Juli 1959 an der Columbuskaje vor Beginn der Jungfernreise. (Deutsches Schifffahrtsmuseum)

die erhoffte Einsparung erheblich. Über 100 Millionen Mark zahlte der Lloyd schließlich für Kauf und Umbau seines Prestige-Projektes und das auf Pump – zuviel für einen rentablen Betrieb im Liniendienst in den zunehmend kritischen 1960er-Jahren.

Allein der Umbau der BREMEN kostete 1959 etwa so viel, wie der Neubau des Vulkan-Projekts 6/53 zwei Jahre zuvor gekostet hätte. Allerdings war die BREMEN größer und dank ihrer Turbinen schneller, aber auch teurer im Unterhalt. Fast 40 Prozent ihrer Kosten kamen aus einem Bundeskredit; den Rest schossen die Geschäfts-

Speisesaal Erster Klasse auf der BREMEN. (Archiv Bremer Vulkan)

Die Gesellschaftshalle der Touristenklasse der BREMEN. (Archiv Bremer Vulkan)

Die Bar der Ersten Klasse auf der BREMEN. (Maack/Archiv Bremer Vulkan)

Eine Luxussuite der Ersten Klasse auf der BREMEN. (Maack/Archiv Bremer Vulkan)

banken dem NDL vor, an erster Stelle dessen Hausbank Dresdner Bank.
Wie alle anderen Reedereien unterschätzte der Lloyd die Konkurrenz der schnellen und immer billigeren Jets: Als die BREMEN kam, waren sie bereits da! Schon 1958 hatten mehr Menschen das Flugzeug als das Schiff benutzt, um den Nordatlantik zu überqueren.
Zehn Jahre später waren es 96 Prozent. Für die Liner blieb da nicht viel. Eine spontane Idee von NDL-Vorstand Bertram für die BREMEN im Kampf gegen die Jets taugte bestenfalls als Herrenwitz: „Am besten wäre im A-Deck ein Spielcasino und im B-Deck ein Etablissement mit Unterhaltungsdamen, dann würde den Leuten das Fliegen schon vergehen."

Noch mehr Frachter

In der Phase zwischen Kauf und Indienststellung der BREMEN lieferte der Bremer Vulkan vier kleine Frachter der Spreestein-Klasse ab. Dem Typschiff folgten SIEGSTEIN, ILLSTEIN und WIEDSTEIN. Ende 1958 kam die innovative Burgenstein-Klasse, die durch weit achtern liegende Aufbauten auffiel. Zu ihr gehörten BUCHENSTEIN und BUNTENSTEIN.
Die drei Schiffe wurden 1968 zu Semicontainerschiffen umgebaut. Ebenfalls Ende 1958 lieferten die Bremer Atlas-Werke die LECHSTEIN ab, der ein Jahr später ihr Schwesterschiff NABSTEIN folgte. 1960 kamen die REGENSTEIN und die RIEDERSTEIN in Fahrt, die Howaldt

Die BREMEN begegnet nach ihrer Jungfernreise in New York der auslaufenden BERLIN. (Archiv NDL)

Die BUCHENSTEIN in Bremen. (Karl-Heinz Schwadtke)

in Hamburg baute. Ende November 1958 lieferte die Jadewerft Wilhelmshaven einen mit 1400 PSe besonders starken konventionellen Schlepper an den NDL, der in seinem Technischen Betrieb in Bremerhaven davon 1961 bis 1963 drei weitere (JUPITER, LÖWE, WIDDER) und 1965 noch einen (NORDSTERN) baute. Vier zusätzliche Schraubenschlepper der Stella-Klasse mit Abgaspfosten statt Schornstein folgten ab 1967. Zwischen 1954 und 1970 stellte der Lloyd 19 neue Schlepper in Dienst, zehn mit Voith-Schneider-Antrieb, neun mit Schrauben.

Erste Kreuzfahrt ab Bremerhaven

Ab 1959 betrieb der Lloyd wie vereinbart die BERLIN ohne weitere schwedische Beteiligung allein. Im Juli 1961 begann sie in Bremerhaven ihre erste europäische Kreuzfahrt nach Norwegen. Die exklusive Reise zielte auf jene, denen das „Wirtschaftswunder" das Konto gut gefüllt hatte und die sich statt Ruhpolding und Rimini etwas ganz Besonderes gönnen wollten. Zum Beispiel eine Außendoppelkabine mit Bad und Toilette auf dem Oberen Deck, für die 1430 DM fällig waren. Der Erfolg ermunterte den Lloyd, sein Angebot auf dem noch kleinen deutschen Markt in den nächsten Jahren auszuweiten.

Endlich Dividende

Die Bremer Kaufleute wählten den gewandten Lloyd-Chef Bertram für 1960/61 zum Präses der Handelskammer. Damit würdigten sie seine Tatkraft und sein Verhandlungsgeschick, wovon die gesamte Bremer Wirtschaft profi-

Die LECHSTEIN. (Slg. G.F. Oetker)

Die SPREESTEIN. (Slg. G.F. Oetker)

Die NABSTEIN. (Karl-Heinz Schwadtke)

Die RIEDERSTEIN. (Slg. G.F. Oetker)

tieren wollte. Das Ehrenamt spiegelte zugleich den Respekt vor der Aufbauleistung des NDL-Vorstands, die sich für die Aktionäre darin zeigte, dass er 1960 nach 30 Jahren erstmals wieder eine Dividende von sechs Prozent zahlte. Das Eigenkapital lag seinerzeit bei 40 Millionen DM, das Anlagevermögen betrug 240 Millionen DM. Erst 1966 wurde das Grundkapital auf 54 Millionen aufgestockt. Bis 1969 stieg die Dividende sogar auf zehn Prozent, angesichts des weiterhin noch nicht üppigen Eigenkapitals aus Unternehmenssicht ein wohl zu hoher Wert. Das Ergebnis hatten vor allem die Überseefrachter erzielt, allerdings nicht sie allein, sondern auch die „Nebenbetriebe". Der Lloyd besaß jetzt 47 Seeschiffe, eine Zahl, die bis 1970 fast gleich blieb. Er hatte sein Wiederaufbauziel und mit rund 6000 eine Mitarbeiterzahl erreicht, die nach den großen Sprüngen der zurückliegenden Jahre nur noch leicht anstieg.

1962 weihte die BREMEN den neuen Columbusbahnhof in Bremerhaven offiziell ein. Mit überzogenem Optimismus in die Zukunft des bereits kriselnden transatlantischen Passagierdienstes war er vor allem für den Lloyd gebaut worden. Gegen den immer härteren Wettkampf mit den Düsenverkehrsflugzeugen kam selbst die superbe BREMEN nicht an. Jets brauchten für den Non-Stop-Sprung über den Atlantik acht Stunden, der Liner acht Tage.

Nach der Ablieferung der BREMEN im Sommer 1959 machte der Norddeutsche Lloyd ab 1960 eine auffallend lange Auftragspause bis über die Mitte des Jahrzehnts hinaus. Das hatte zwei Gründe: Erstens war seine Frachterflot-

Prospekt der ersten Norwegen-Kreuzfahrt der BERLIN 1961. (Slg. Harald Focke)

Richard Bertram (Archiv Nordsee-Zeitung Bremerhaven)

Premiere an der neuen „Fahrgastanlage II" in Bremerhaven: Die BREMEN nutzt sie erstmals im November 1962. (Nordsee-Zeitung)

te weitgehend komplett und zweitens hatte die BREMEN mehr Geld verschlungen, als sich der Lloyd leisten konnte.

Motoren statt Turbinen

Zum Ausruhen auf bisherigen Erfolgen blieb dem Vorstand keine Zeit. Die Flotte musste ständig erneuert werden, um den Anschluss an die internationale Konkurrenz zu halten. Die Frachter der Weserstein-Klasse tauschten ab 1963 ihre Turbinen gegen Motoren, um künftig günstiger und mit gut 20 Knoten deutlich schneller nach Ostasien zu fahren. Sie liefen nur noch die umschlagsstärksten Häfen an. Das sparte ebenfalls Zeit. Neubauten hätten das Doppelte gekostet und den Lloyd finanziell überfordert. Immerhin investierte er in kurzer Zeit abermals 70 Millionen DM bei noch immer geringem Eigenkapital.

KUNGSHOLM wird EUROPA

Um die BERLIN zu ersetzen, kaufte der Lloyd mit der KUNGSHOLM im Herbst 1964 erneut ein gebrauchtes Passagierschiff der Schweden-Amerika Linie für die New York-Route. Die Entscheidung war damals wirtschaftlich sinnvoll. Ausmaß und Tempo des Niedergangs des Transatlantikverkehrs waren noch nicht absehbar. Vorstand Kulenkampff zahlte ein Jahr später im Oktober 1965 in Göteborg per Scheck 41

Die KUNGSHOLM kommt nach Bremerhaven und begegnet der auslaufenden BERLIN, von der aus dieses Foto gemacht wurde. (Eckhard Scherf)

Millionen DM und fuhr dann mit der 183 Meter langen, 19 Knoten schnellen KUNGSHOLM als einziger Passagier nach Bremerhaven. Günstiger konnte der Lloyd ein so zukunftsfähiges Motorschiff mit klimatisierten Außenkabinen für 843 Fahrgäste nicht bekommen – die künftige EUROPA kostete viel weniger als die Hälfte der BREMEN! Der Vorstand hatte darauf geachtet, ein preiswertes (Motor-)Schiff mit günstigen Unterhaltskosten zu bekommen. Darüber hinaus war die damals erst zehn Jahre alte EUROPA modern und aufgrund ihrer Größe und fortschrittlichen Konzeption für Kreuzfahrten uneingeschränkt geeignet. Dank der zwei gut platzierten Schornsteine hatte es die zeitlos-elegante Silhouette eines klassischen Liners. Anders als noch im Vorjahr kündigte der Vorstand im Herbst 1965 an, er wolle die EUROPA vor allem auf Kreuzfahrten einsetzen und weniger im Liniendienst. Nach einer Renovierung im Technischen Betrieb des NDL machte sie ihre Jungfernreise im Januar 1966 traditionell nach New York. Für ein Dreivierteljahr besaß der Lloyd nun drei große Passagierschiffe auf dem Nordatlantik. Es war fast wieder wie vor dem Krieg! Wegen der inzwischen fast erdrückenden Konkurrenz aus der Luft konnte der NDL seine EUROPA nur noch für kurze Zeit ab und an in der sommerlichen Hochsaison auf dem Nordatlantik beschäftigen. Meist kreuzte die EUROPA in der Karibik, im Mittelmeer oder den in norwegischen Fjorden. Um seine

Dr. Johannes Kulenkampff bei der Außerdienststellung der BERLIN im Oktober 1968. (Nordsee-Zeitung)

große BREMEN besser auszulasten, bot der Lloyd unter dem Motto »Partner für den Nordatlantikverkehr« mit der Lufthansa kombinierte See- und Luftreisen an. Im ersten Jahr lockte er so zwar 4000 zusätzliche Passagiere an Bord, doch es blieb ein Strohfeuer.

Abschied von der BERLIN

Die BERLIN stellte der NDL im Oktober 1966 außer Dienst. Wie kein anderes Schiff symbolisiert sie den mühsamen Wiederaufstieg des Lloyd nach dem Krieg. Mit ihr gelang es ihm, erneut im schwierigen Liniendienst auf dem Atlantik und im Markt für Karibik-Kreuzfahrten ab New York Fuß zu fassen. Die BERLIN erwirtschaftete in ihren ersten fünf Dienstjahren ihren ungewöhnlich niedrigen Kaufpreis. Selbst

Die EUROPA in der Atlantik-Dünung. (Achim Rieke)

eine Katastrophe mit vier toten Besatzungsmitgliedern in einem Orkan im März 1959 hatte den Ruf der BERLIN beim deutschen Publikum nicht beeinträchtigt. Sie blieb so lange in Fahrt, weil der NDL sie in den frühen 1960er-Jahren brauchte, um nicht auch noch jene Fahrgäste in der Touristenklasse zu verlieren, die eine günstige Überfahrt suchten. Die Unterhaltskosten des alten Liners waren erträglich, weil in seinen letzten Jahren nicht mehr nennenswert in ihn investiert wurde. Nun war ihre Technik nach 41 Jahren museumsreif, der Unterhaltungsaufwand zu hoch, die Auslastung auf dem Atlantik zu gering. Ihre letzte Reise machte die BERLIN im November 1966 mit eigener Kraft zur Abwrackwerft nach La Spezia bei Genua. Im März 1966 kaufte der NDL in Schweden ein weiteres Fruchtschiff für den Dienst zu den Kanarischen Inseln. Er nannte es LINDENSTEIN.

Neue Männer

An der Lloyd-Spitze stand 1967 eine Wachablösung an. Claus J. Wätjen und Dr. Horst Willner rückten im März in den Vorstand auf. Schon bald sollten die beiden Neuen den Lloyd allein führen.

Die Zeit ist noch nicht reif für reine Containerschiffe.

Der NDL-Vorstand im Frühjahr 1967

Kulenkampff war bereits 66, wollte aber noch ein Jahr durchhalten; auch Bertram stand mit 63 eigentlich kurz vor der Rente. Doch der Wechsel verlief nicht nach Plan. Dafür waren die Zeiten zu stürmisch.

Von Januar bis Oktober 1966 besaß der NDL drei Passagierschiffe. (Archiv NDL)

Schnellfrachter statt Kombischiffe

1967 brachte eine weitere Intensivierung der schon weitreichenden Kooperation mit der HAPAG: Beide Reedereien vereinigten ihre Frachtkontore und legten ihre Nordatlantikabteilungen zusammen. Nach zwölf Dienstjahren trennte sich der Lloyd von der NABOB und

Die BERLIN in New York. (Archiv NDL)

Das Kühlschiff LINDENSTEIN kaufte der NDL 1965 in Schweden mit Lieferung im folgenden Frühjahr. (Archiv NDL)

den Kombischiffen der Schwabenstein-Klasse. Aus Asien kamen ständig mehr wertvolle Produkte nach Europa, deren Hersteller und Empfänger wegen der hohen Kapitalkosten kürzere Reisezeiten forderten. Der Lloyd beschloss 1965, seine Kombischiffe durch sieben wenig zukunftsfähige konventionelle Schnellfrachter der Friesenstein-Klasse zu ersetzen. Sie kamen zwischen September 1967 und März 1968 in Fahrt und kosteten satte 175 Millionen DM. Der Bremer Vulkan bekam mit den technisch komplexen Schnellläufern für die Ostasienroute nach langer Pause wieder einen einträglichen Neubauauftrag. Allerdings musste er sich ihn mit den Flender Werken in Lübeck teilen, wo das Typschiff FRIESENSTEIN entstand und dort stark gefährdete Arbeitsplätze für einige Zeit sicherte.

Der NDL-Vorstand lobte die „Vielseitigkeit" der 21,5 Knoten schnellen FRIESENSTEIN. Sie führten in „eine neue Ära", jubelte der Lloyd: „Mit unseren Schnellfrachtern haben wir bereits einen Schritt in die Zukunft unternommen. Der Lloyd kann mit (ihnen) alle Wünsche seiner Kunden erfüllen. Auch die traditionsreiche Ostasien-Passagierschiffahrt geht weiter." Die neuen Schiffe verkürzten die Rundreisezeit von bisher 120 auf 105 Tage.

Die Hoffnungen, die der Lloyd in die Schnellfrachter der Friesenstein-Klasse setzte, erfüllten sich nicht. (Archiv NDL)

„Containerschiffe unwirtschaftlich"

Mit Spezialtanks, Kühlräumen, Autodeck, Schwergutbaum und automatischem Ladegeschirr waren sie aufwendig ausgestattet. Obwohl der Vorstand den Trend zum „Behälter-Verkehr" erkannt hatte, war die Friesenstein-Klasse dafür nicht gebaut. An Deck konnte sie zwar einige Container transportieren, in ihre Luken passten sie kaum hinein.

Die Schnellfrachter waren Höhe- und Endpunkt der Bremer Stückgutschifffahrt und zugleich ein teurer Irrweg am Beginn des Containerzeitalters. Sie waren keine Neukonstruktion des Bremer Vulkan oder der Flender Werke, sondern eine Variante, die der von Blohm & Voss entwickelten Westfalia-Klasse ähnelte. Die Hapag setzte sie seit Ende 1964 im Fernost-Gemeinschaftsdienst mit dem NDL ein. Damals hatte der nicht das Geld für so teure Frachter. Wie andere Reedereien glaubte der Lloyd im Frühjahr 1967, die Zeit sei „ nicht reif für ausschließliche Container-Schiffe", sie seien „noch unwirtschaftlich." Im Mai 1966 war die FAIRLAND als erstes US-Containerschiff in Bremen gewesen. „Seitdem ist eine Lawine ins Rollen gekommen, die viele von uns unter sich begraben wird", so Bertram. Ein Jahr später stand fest, dass das konventionelle Frachtgeschäft auf dem Nordatlantik zu Ende ging.

Das Ding stellt uns alle vor große Probleme.
Richard Bertram Ende 1967
über die revolutionäre Blechkiste

Hapag und Lloyd reagierten: Als erste europäische Reedereien bestellten sie 1967 zwei Vollcontainerschiffe. Den Betrieb überließen sie nicht dem bisherigen Gemeinschaftsdienst, sondern gründeten in Hamburg dafür die Hapag-Lloyd Container Linie und für die Logistik den Deutschen Container-Dienst. Das war die Verschmelzung in jenem zentralen Geschäftszweig, der in die Zukunft wies. Und sie bildete den Auftakt zu den Gesprächen über die komplette Fusion.

Kurze Karriere der Friesenstein-Klasse

Noch vor der Jungfernreise der FRIESENSTEIN begann im Juni 1967 der Sechstagekrieg zwischen Israel und den arabischen Staaten. Acht Jahre lang war der Suezkanal dicht. Die Schnellfrachter mussten den langen Weg um das Kap der guten Hoffnung oder durch den Panamakanal nehmen. Da sie die Mittelmeerhäfen nicht mehr anliefen, dauerte ihre Reise nur etwa zwei Tage länger als die der zuvor im Ostasiendienst eingesetzten ehemaligen Turbinenfrachter. Lange blieb die Friesenstein-Klasse nicht auf der Fernostroute: Schon ab 1972 lösten sie fünfmal so große Containerschiffe ab. Die schnittigen Schnellfrachter wechselten in den Südamerika-Westküsten-Dienst. 1980 wurden FRIESENSTEIN, HOLSTENSTEIN und SCHWABENSTEIN II verlängert und zu Semicontainerschiffen umgebaut. Zu spät installierte der Lloyd-Vorstand Ansätze eines Controllings; zu lange gab er zu viel Geld für die Imagewerbung aus.

Schwere Zeiten für die BREMEN

Bremens letzte Liner waren aufgrund zu hoher Betriebskosten trotz beachtlicher Auslastung unter dem Strich kein gutes Geschäft. Über einige Anfangserfolge kam die BREMEN nicht hinaus. Dafür war sie in der Anschaffung und im Unterhalt zu teuer und ihr Kapitaldienst zu hoch. Eine gute Auslastung war nicht gleich Ertrag. Wie die BERLIN unterschritt die BREMEN im Liniendienst in den 1960er-Jahren die Gewinnschwelle meist erheblich. Sie konnte dies nur teilweise und für kurze Zeit durch einige erfolgreiche Kreuzfahrten in der Karibik nur ausgleichen, solange keine größeren Wechselkursprobleme zwischen DM und Dollar auftraten. Auch kräftig steigende Heuern belasteten die Erlöse der BREMEN und der EUROPA. Trotz meist guter Auslastung vor allem auf Kreuzfahrten erreichten ihre Defizite dramatische Ausmaße. Die BREMEN entwickelte sich zu einem Fass ohne Boden – nicht nur wegen der strukturell hohen Betriebskosten eines großen Turbinenliners mit starker Besatzung, sondern auch wegen des überraschend frühen und häufigen Reparaturbedarfs ihrer Maschine in der zweiten Hälfte der 1960er-Jahre.

Die BREMEN war das Flaggschiff des NDL. (Archiv NDL)

Fehlentscheidungen

Das war die Folge von Personaleinsparungen an der falschen Stelle, vor allem in der Maschine. Fahrplanverdichtungen erschwerten vorausschauende Wartungsarbeiten, was wiederum Schäden nach sich zog. Die Möglichkeit des Lloyd, dafür meist scheinbar günstig seinen Technischen Betrieb in Bremerhaven zu nutzen, verschleierte die tatsächlichen Kosten der BREMEN. Da der Lloyd zu lange auf interne Wirtschaftlichkeitsberechnungen verzichtete und sich erst spät ein Controlling leistete, überraschte den Vorstand das enorme Ausmaß des Defizits, als schließlich Anfang der 1970er-Jahre doch nachgerechnet wurde. Um die Kosten zu senken, waren spürbare Einschränkungen beim Service kaum möglich. Schon seit Ende der 1960er-Jahre hatte die Passageabteilung die Atlantikrundreisen der beiden Lloyd-Liner immer mehr zusammengestrichen. Preiserhöhungen im Liniendienst schieden wegen der immer günstigeren Konkurrenz aus der Luft aus. Die BREMEN war nicht mehr zu halten, zumal sie wegen ihrer Größe und Ausstattung als Nordatlantikliner für Kreuzfahrten nur bedingt einsetzbar war. Selbst bei guter Belegung belastete sie die Bilanz. Aus Dankbarkeit für die Bürgschaft für den BREMEN-Umbau hatte Lloyd-Chef Richard Bertram der Bundesregierung 1957 ohne vertragliche Bindung versprochen, ein Minimum von Atlantiküberquerungen bei-

In der zweiten Hälfte der 1960er-Jahre machten der BREMEN technische Probleme zu schaffen. (Archiv DSM)

zuhalten. Um dieser moralischen Verpflichtung gerecht zu werden, machte die BREMEN 1968 noch elf und ein Jahr später gerade noch sieben Reisen von Bremerhaven nach New York. Wenn sie in der Hochsaison im Juli und August mit beispielsweise 980 Fahrgästen zu 90 Prozent gebucht war, hatte sie so viele Reisende an Bord, wie allein Lufthansa und Pan American World Airways an einem einzigen Tag von westdeutschen Flughäfen in die USA beförderten.

Die WESER EXPRESS war der erste Containerfrachter des NDL. (Archiv DSM)

Fusion „abwegig"

Im Oktober 1968 eröffnete die 20 Knoten schnelle, anfangs 171, ab 1973 nach einer Verlängerung 201 Meter lange WESER EXPRESS unter der Lloyd-Flagge den ersten europäischen Containerdienst nach New York. Sie war auf Anhieb zu 90 Prozent ausgelastet. Noch einmal hatten die Bremer die Nase vorn. Zwei weitere Containerfrachter ermöglichten wöchentliche Abfahrten. Auch andere Linien erforderten den zügigen Übergang zum Containerdienst. Die Investitionen in die Ozeanriesen neuen Typs waren gewaltig. Damit nicht genug: Für jedes Schiff musste aus logistischen Gründen ein dreifacher Container-Satz beschafft werden. Für die komplette Umstellung der Flotte errechnete Hapag-Lloyd Kosten von rund 800 Millionen DM. Solche Zahlen erforderten Konsequenzen.

Gedanken an eine Fusion sind abwegig, sie wird nicht einmal in Gedanken erörtert.
Richard Bertram 1968

Da der NDL inzwischen fast Dreiviertel seines Umsatzes im Verbund mit der Hapag erzielte, war es nur noch ein kleiner Schritt bis zur kompletten Fusion, auch wenn Bertram selbst den Gedanken daran öffentlich 1968 noch immer dementierte.
Gegenwärtig sei nicht daran zu denken, doch wäre es ein „Verbrechen", wenn beide Reedereien nicht nach weiteren Möglichkeiten für die Rationalisierung ihrer Betriebe durch eine noch engere Zusammenarbeit suchten. Intern trieb Bertram den von ihm als unvermeidbar erkannten Zusammenschluss tatsächlich schon seit 1967 diskret voran. Der NDL-Aufsichtsratsvorsitzende Dr. Franz Witt vom Vorstand der Dresdner Bank äußerte sich nicht doch sein Hapag-Kollege Karl Klasen von der Deutschen Bank, der Hapag-Hausbank, gab bereits offen zu, man berate über eine engere Zusammenarbeit mit den Bremern. Sein Vorstandschef Hermann J. Abs bestritt noch im März 1968 die Notwendigkeit einer Verschmelzung.

Die beiden großen Linienreedereien Hapag und Norddeutscher Lloyd leben seit langem unehelich so gut miteinander, dass es keinen unmittelbaren Grund gibt, das Verhältnis durch eine Fusion zu sanktionieren.
Hermann Josef Abs 1968

Auch der Hapag-Vorstand hielt sich bedeckt. NDL-Vorstand Kulenkampff war in seinem letzten Dienstjahr intensiv an den Gesprächen mit der Hapag beteiligt; erst Ende September 1968 räumte er nach 35 Jahren seinen Posten, behielt aber als „Ratgeber" weiterhin ein Büro im Nachbarhaus ... Da waren beim Lloyd die Würfel zugunsten der Fusion mit seiner Zustimmung allerdings schon gefallen. Die Details mussten Bertram und Hapag-Chef Werner Traber vereinbaren. 1969 kam Karl-Heinz Sager für Kulenkampff in den Lloyd-Vorstand.

Verhandlungen über eine Fusion waren noch nie so dringend.
Richard Bertram 1969

1969 ersetzte Karl-Heinz Sager Dr. Johannes Kulenkampff im Vorstand des NDL. (Archiv Hapag-Lloyd)

Im Sommer 1969 hieß es beim Lloyd plötzlich, Fusionsverhandlungen seien „noch nie so dringend" gewesen „wie heute". Man suche „nach einer Lösung, die die Interessen beider Gesellschaften und beider Städte berücksichtigt." Ende März 1970 berieten die beiden Reedereispitzen nach längerer Vorbereitung abschließend mit den Aufsichtsratsvorsitzenden und ihren Hausbanken im ehemaligen Wohnhaus des Zigarettenfabrikanten Philipp F. Reemtsma nahe der Elbchaussee in Hamburg-Othmarschen. Er hatte Hermann Göring dank ihrer „Kriegsfliegerfreundschaft" überredet, die nach der Weltwirtschaftskrise 1931 zur „Staatsreederei" fusionierten Reedereien NDL und Hapag 1940 zu reprivatisieren und so ihren Bestand nach 1945 erst ermöglicht. Reemtsma wurde Hauptaktionär und Mitglied im Aufsichtsrat des NDL. Nach seinem Tod 1959 folgte ihm 1960 sein Bruder Hermann F. und ein Jahr später der neue Reemtsma-Chef Rudolf Schlenker. Er hatte mit Karl Klasen, der sowohl bei der Hapag als auch bei Reemtsma im Aufsichtsrat saß, die Schlussrunde der seit drei Jahren laufenden Verhandlungen zwischen den Bremern und den Hamburgern organisiert. Am 9. April 1970 wurde das Ergebnis offiziell bekanntgegeben: Ende Juli werde man den beiden Aktionärsversammlungen vorschlagen, den Norddeutschen Lloyd und die Hapag am 1. September rückwirkend zum 1. Januar 1970 zu verschmelzen.

Für Schwarzseher ist bei uns kein Platz.
Richard Bertram 1970

Hapag-Lloyd war die mit Abstand größte deutsche Reederei. Der Lloyd trug dazu mit seinem Aktienkapital von 54 Millionen DM, einem Umsatz von 515 Millionen DM, mit der BREMEN und der EUROPA sowie 47 modernen Frachtern mit zusammen 391.313 BRT, seiner Bremerhavener Werft und 6200 Arbeitern und Angestellten bei, davon mehr als 3300 auf See. Die Zahlen der Hapag führten dazu, dass Wirtschaftsprüfer deren Wert leicht über dem des Lloyd einstuften. Die Hapag-Lloyd AG nahm ihren Sitz in Hamburg. Da auch NDL-Chef Richard Bertram im Herbst 1970 mit 66 noch für drei

Die MELBOURNE EXPRESS hatte noch der NDL als sein letztes Schiff bestellt, abgeliefert wurde sie jedoch erst am 5. September 1970 als erstes Schiff von Hapag-Lloyd. (Gert Uwe Detlefsen)

Jahre als Vorstandssprecher neben Traber an die Elbe wechselte, fielen künftig die Entschei dungen im repräsentativen Hapag-Haus am Ballindamm an der Binnenalster. „Wir haben allen Grund, der Zukunft hoffnungsvoll entgegenzusehen. Für Schwarzseher ist bei uns kein Platz", meinte Bertram. Er war entschlossen, „die unangenehmen Sachen zu erledigen, damit die Jüngeren unbelastet in die Zukunft gehen können."

Die Hapag-Lloyd-Flotte demonstrierte die Fusion ab 1. September 1970 mit dem hellgelben Hapag-Schornstein mit den schwarz-weiß-roten „Ringelsocken"-Topp und der Lloyd-Flagge mit Schlüssel und Anker. Auf den Schleppern und den Bremer Passagierschiffen blieb zunächst alles beim Alten. Am 25. April 1970 lief die für die Australien-Fahrt bestimmte MELBOURNE EXPRESS beim Bremer Vulkan vom Stapel. Sie zählte zur zweiten Generation der Containerschiffe und war der letzte Neubau für den NDL, der nach 113 Jahren seine Selbständigkeit aufgab.

Die Nachkriegsbilanz

Zwischen 1950 und 1970 hatte der NDL nicht nur die gesamte maritime Wirtschaft in Bremen, Bremerhaven und im Unterweserraum belebt und auch viele Lieferanten und ihre Mitarbeiter hatten von seinen Aufträgen profitiert. Die letzten 20 aktiven Jahre des Norddeutschen Lloyd kennzeichneten zwei Entwicklungen: erstens der kraftvolle Aufbau einer der modernsten Frachterflotten der Welt auf den ausgedehnten Routen der Vorkriegszeit sowie zweitens die pfiffig und eindrucksvoll organisierte Rückkehr in den Passagierdienst auf dem Nordatlantik und in die moderne Kreuzfahrt zunächst in der Karibik für das amerikanische Publikum und bewusst später und vor allem behutsam in Deutschland.

Bei der Rückkehr in den Passagierdienst zwischen Bremerhaven und New York berücksichtigte der erfahrene und umsichtige Vorstand die politischen und wirtschaftlichen Bedingungen des Interkontinentalverkehrs und die Möglichkeiten des Norddeutschen Lloyd. Die Kooperation mit den Schweden 1954 war ein ebenso zeitgemäßes Konzept wie 1957 der Umbau der PASTEUR und 1964 der Ankauf eines modernen mittelgroßen kreuzfahrttauglichen Liners. Mit allen drei Schiffen versuchte der Lloyd, sich optimal auf den sich rasch verändernden Wettbewerb einzustellen. Aus der Sicht des Reedereikaufmanns waren das vor dem Hintergrund der weltweiten Entwicklung im Liniendienst jeweils kluge Managemententscheidungen. Trotzdem waren sie letztlich nicht erfolgreich, weil sich die betriebswirtschaftlichen Bedingungen aufgrund nicht beeinflussbarer Bedingungen wesentlich schneller und massiver verschlechterten als vorhersehbar.

Kaum etabliert, wurden sowohl die Fracht- als auch die Passagierschifffahrt von zwei in ihrem Tempo und Ausmaß nicht vorhersehbaren Entwicklungen schneller und massiver bedroht, als sie der Norddeutsche Lloyd allein verkraften konnte: Die Jets fegten alle Fahrgastschiffe in nur einem Jahrzehnt vom Nordatlantik, ohne dass sie sofort in einen großen, einträglichen europäischen Kreuzfahrtmarkt hätten wechseln können.

In den schwierigen Zeiten des Wiederaufbaus nach 1945 kamen sich der Norddeutsche Lloyd und die Hapag noch näher als in der Vorkriegszeit. Für fast alle Fahrtrouten boten sie von Anfang an Gemeinschaftsdienste an, sie setzten teilweise baugleiche Schiffe ein und sie betrieben ein weitgehend deckungsgleiches Agenturnetz sowie ein gemeinsames Reisebüro. Der Zwang zur kostensenkenden Kooperation in vielen Geschäftsbereichen überwog die grundsätzlich weiter bestehende Konkurrenz, soweit es um rationale Entscheidungen der Reedereispitzen ging. Jahrzehntelang hatte der Wettbewerb zwischen dem Norddeutschen Lloyd und der Hapag, zwischen Bremen und Hamburg, gewaltige Kräfte freigesetzt, um den jeweils anderen immer wieder zu übertreffen, sobald er einen Schritt voraus war. Immer sah man einander als Maßstab an, auch wenn man es nicht gerne zugab. Lloyd-Vorstand Bertram pflegte mit seinem Hapag-Kollegen Traber zwar mehr als 20 Jahre eine freundschaftliche Verbundenheit, die sich in gemeinsamen Reisen, gegenseitiger Unterstützung in internationalen Gremien, Einladungen zu Schiffstaufen und Besichtigungen neuer Schiffe der jeweils anderen Reederei spiegelte. Doch es gab immer wieder teils erhebliche Spannungen, beargwöhnte Alleingänge und ab und zu sogar verbale Spitzen: Die Rückkehr in die Passagierfahrt auf dem Nordatlantik fädelte Bertram geschickt ohne die in diesem Bereich ständig schwankende Hapag-Führung ein, die kurz darauf ihrerseits den Lloyd ausstechen wollte, als sie 1957 mit der kleinen ARIADNE am deutschen Markt vorbei viel zu früh zu teure Luxuskreuzfahrten anbot. Doch damit landete sie einen Flop, mit dem sich alle eventuellen Ambitionen mit Hapag-Passagierschiffen bis zur Fusion erledigt hatten. Als Bertram Traber stolz die BREMEN zeigte, reagierte der Hamburger arrogant: „Wenn die Hapag wirklich einmal ein Passagierschiff braucht, wird es natürlich viel schöner als die BREMEN." Da hingen die Trauben schlicht zu hoch. Die Bremer und die Hamburger standen jeweils treu zu ihrer Spitzenreederei. Sie waren einander traditionell auch in der Wiederaufbauphase de in herzlicher Abneigung verbunden. Nur im äußersten Notfall reisten Hamburger mit einem Bremer Liner, obwohl der Lloyd die überlegenen Schiffe besaß und die Hapag gar keins.

Je größer die Herausforderungen im internationalen Schifffahrtsgeschäft wurden, desto klarer erkannten die Vorstände des NDL und der Hapag, dass ihnen wie bisher mit bloßen Kooperationen und punktuellen Gemeinschaftsunternehmen auf Dauer nicht zu begegnen war. Der große Wurf war fällig. Zu viele Bereiche waren in Bremen und Hamburg doppelt besetzt und ausgestattet. Noch waren es ja zwei eigenständige Firmen. Durch Rationalisierungen und Entscheidungen aus einer Hand ließen sich nachhaltig Kosten senken, um auch in stürmischen Zeiten weltweit mithalten zu können. Aber da war noch der jeweilige Stolz auf das selbständige Haus, der das Zusammengehen verzögerte. Doch der Investitionsbedarf wuchs ständig, die Kosten kletterten, die Gewinne stagnierten. Immerhin zahlte der Norddeutsche Lloyd seit 1965 acht, ab 1968 sogar zehn Prozent Dividende.

Die Containerisierung erfasste gegen Ende der 1960er-Jahre rascher als erwartet alle Fahrtbereiche und erforderte durch den baldigen Austausch der kompletten Flotte hohe Investitionen. Verschärft wurde die Lage dadurch, dass diese Entwicklung fast gleichzeitig mit dem Niedergang der Linien-Passagierschifffahrt einsetzte. Auf das wachsende Ausmaß der Bilanzbelastungen durch die Liner reagierte der Lloyd-Vorstand zu spät, auf den Aufbruch ins Containerzeitalter dagegen zügig und in der Form angemessen. Er entschloss sich weitblikkend und früher als öffentlich eingestanden, die seit 1950 praktizierte umfassende Kooperation mit der Hapag in eine formale Fusion zu überführen.

Was die deutsche Reedereiwirtschaft international stärkte, schwächte von Anfang an Standort Bremen. Von der Weser aus sollten entsprechend der Vereinbarung mit der Hapag nur noch die Frachtdienste zur Westküste Südamerikas, nach Nordbrasilien und zu den Kanarischen Inseln, der Containerdienst nach Australien, die schwächelnde Fahrgastschifffahrt sowie das Reisebüro geführt werden. Der ausgedünnte Passagierdienst zwischen Deutschland und den USA stand unmittelbar vor dem Ende und mit ihm eine Ära der Verkehrsgeschichte, die der Norddeutsche Lloyd nach dem Krieg mit der BERLIN, der BREMEN und der EUROPA noch einmal geprägt hatte.

In der Containerfahrt zeichnete sich die Konzentration in Hamburg bereits ab. Wenig beachtet wird, dass Hamburg für den Norddeutschen Lloyd schon vor der Fusion wichtigster Hafen war. Seine Frachter waren seit langem Stammgäste an den Hamburger Kais. Ein star-

Letzte Werbung für die BREMEN. (Hapag-Lloyd)

ker Hapag-Lloyd-Sitz war Bremen also nicht und schon gar nicht auf Dauer, auch wenn der Vorstand und die Politik das bestritten. Als die BREMEN Anfang 1972 für einen Spottpreis nach Griechenland ging, blieb die EUROPA allein zurück – von Bremen aus war also nur noch ein Kreuzfahrtschiff zu betreuen.

Schon bald wurde das Firmenarchiv aufgelöst – ein nur scheinbar kleines Signal mit großem Symbolwert. Hapag-Lloyd geriet wegen folgenreicher Managementfehler und einer anhaltenden weltweiten Schifffahrtskrise immer stärker in schwieriges Fahrwasser und musste sparen auf Teufel komm raus. Und das traf wieder den ohnehin geschwächten Standort Bremen.

Nach und nach zogen alle Bremer Abteilungen trotz anhaltender Proteste der Belegschaft, der Gewerkschaft und einiger inzwischen aufgewachter Bremer Lokalpolitiker an die Elbe, bis die Nachkriegszentrale des NDL am Hauptbahnhof bis auf ein paar von den Hamburgern wenig geschätzte Gemälde, Werftmodelle und Aktenordner buchstäblich ausgeräumt war.

Damit war der Norddeutsche Lloyd in Bremen nicht mehr präsent. Die Reste des zerstörten Verwaltungsgebäudes, wo Bertram und Kulenkampff den Nachkriegsaufstieg einst so zielstrebig vorangetrieben hatten, hatten bereits 1969 einem Kaufhaus Platz gemacht, nachdem der NDL hier bereits 1967 die letzten Büros verlassen hatte.

Die TANNSTEIN auf der Weser. (Karl-Heinz Schwadtke)

Schiffe des Norddeutschen Lloyd 1945 bis 1970

Mit Schiffsrissen von Karsten Kunibert Krüger-Kopiske

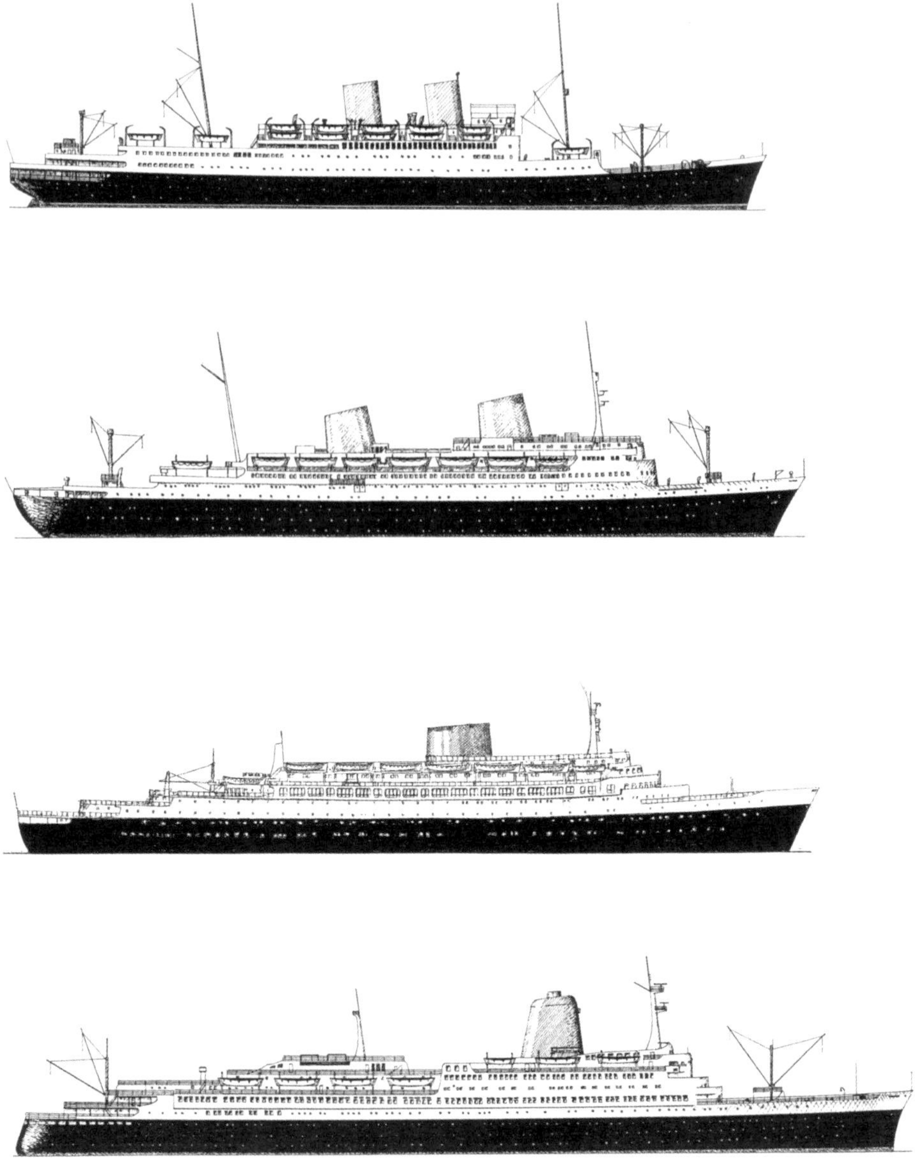

Die Passagierschiffe des NDL im Überblick: Von oben BERLIN, EUROPA, Projekt 6/53 und BREMEN.

GLÜCKAUF
Seebäderschiff

Baujahr: 1913
Werft: Stettiner Oderwerke
Größe: 1062 BRT
Länge: 68,1 Meter
Breite: 12,2 Meter
Antrieb: 2 Sechszylinder-Diesel Wumag, 1800 PS
Geschwindigkeit: 13 Knoten
Passagiere: 750
Besatzung: 16
Sonstiges: Gebaut als Dampfer BUBENDEY für die Hapag, Ankauf 1930 durch den NDL, 1954 Umbau zum Motorschiff für den Bremer Seebäderdienst-Dienst des NDL, Linie Bremerhaven-Helgoland, 1960 Verkauf an die HADAG, 1961 an Jade Schifffahrt, Wilhelmshaven, 1963 nach Italien, 1986 abgewrackt

WESTER TILL
Küstenleichter

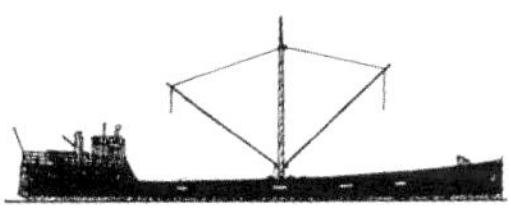

Baujahr: 1929
Werft: Schiffswerft Unterelbe AG, Wewelsfleth
Größe: 307 BRT
Länge: 40 Meter
Breite: 7,5 Meter
Antrieb: Sechszylinder-Diesel MWM, 240 PS
Besatzung 6
Sonstiges: zunächst in Argentinien eingesetzt als TAC, 1932 nach Bremen, 1936 nach Kollision

vor Cuxhaven gesunken, gehoben und repariert, 1939 WESTER TILL, ab 1941 Marinedienst, 1945 erneut NDL, 1955 Verkauf nach Hamburg, 1971 gestrandet, 1972 geborgen, 1973 abgewrackt

BOGOTA
Küstenfrachter

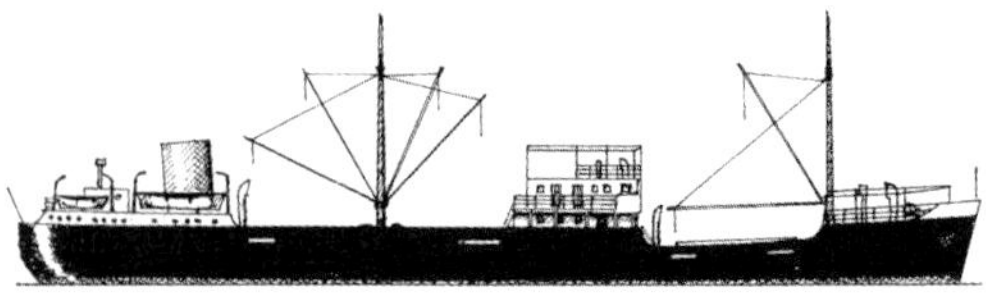

Baujahr: 1937
Werft: Schiffbau-Gesellschaft „Unterweser" AG, Wesermünde
Größe: 1230 BRT
Länge: 75,9 Meter
Breite: 10,6 Meter
Antrieb: 2 Achtzylinder-Diesel Krupp, 1680 PS
Geschwindigkeit: 13 Knoten
Passagiere: 12
Besatzung 28
Sonstiges: Bei Kriegsende in Japan beschlagnahmt, Kriegsbeute der USA, Rückgabe an den NDL 1950, 1955 Verkauf nach Dänemark, später Griechenland, 1964 ausgebrannt nach Explosion im Maschinenraum und gesunken

NORDER TILL
Küstenleichter

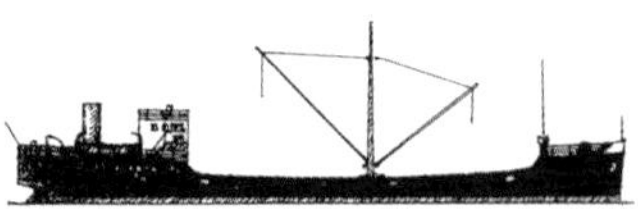

Baujahr: 1924
Werft: J. Frerichs & Co., Einswarden
Größe: 475 BRT
Länge: 50,2 Meter
Breite: 8 Meter
Antrieb: Sechszylinder-Diesel Deutz, 350 PS

Besatzung: 13
Sonstiges: Ankauf 1938 durch den NDL, 1953 Kollision vor Trelleborg, 1954 neue Maschine Sechszylinder-Diesel MaK mit 350 PS, 1964 Verkauf nach Griechenland, 1967 gesunken

WANGEROOGE
Seebäderschiff

Baujahr: 1945
Werft: Neptun-Werft, Rostock
Größe: 653 BRT
Länge: 67,8 Meter
Breite: 9 Meter
Antrieb: 2 Dreifach-Expansions-Dampfmaschinen Neptun, 1200 PS
Geschwindigkeit: 16 Knoten
Sonstiges: 1945 Minensuchboot, Ankauf 1948 und Umbau zum Seebäderschiff, 1950 aufgelegt, 1951 Verkauf an US Labor Service, 1956 Bundesmarine, 1967 abgewrackt

RHEINSTEIN
Überseefrachter

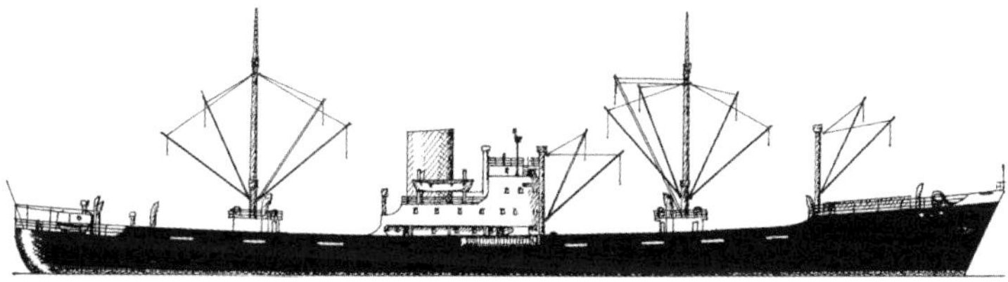

Baujahr: 1951
Werft: Bremer Vulkan, Bremen-Vegesack
Größe: 2693 BRT
Länge: 119,6 Meter
Breite: 15,3 Meter

Die RHEINSTEIN. (Norddeutscher Lloyd/OCC)

Antrieb: Fünfzylinder-Diesel MAN-Vulkan, 3900 PS
Geschwindigkeit: 14,5 Knoten
Passagiere: 2
Besatzung: 31
Sonstiges: 1970 an Hapag-Lloyd, 1971 Verkauf nach Österreich, 1980 nach Singapur, von September 1978 bis April 1980 in Bremen aufgelegt, dann nach Panama verkauft und im Herbst 1980 abgewrackt

LAHNSTEIN
Überseefrachter

Die LAHNSTEIN. (Norddeutscher Lloyd/OCC)

Baujahr: 1951
Werft: Bremer Vulkan, Bremen-Vegesack
Größe: 2693 BRT
Länge: 119,6 Meter
Breite: 15,3 Meter
Antrieb: Fünfzylinder-Diesel MAN-Vulkan, 3900 PS
Geschwindigkeit: 14,5 Knoten
Passagiere: 2
Besatzung: 31
Sonstiges: 1970 an Hapag-Lloyd, 1971 Verkauf nach Panama, 1974 nach Zypern, 1977 zurück nach Panama, 1980 Abbruch

SAARSTEIN
Überseefrachter

Die SAARSTEIN. (Norddeutscher Lloyd/OCC)

Baujahr: 1951
Werft: Bremer Vulkan, Bremen-Vegesack
Größe: 2693 BRT

Länge: 119,6 Meter
Breite: 15,3 Meter
Antrieb: Fünfzylinder-Diesel MAN-Vulkan, 3900 PS
Geschwindigkeit: 14,5 Knoten
Passagiere: 2
Besatzung: 31
Sonstiges: 1970 an Hapag-Lloyd, 1971 Verkauf nach Österreich, 1972 Kollision mit einem Felsen vor Cap Fréhel/Bretagne, nach St. Malo geschleppt, zum Totalverlust erklärt und in Hamburg abgewrackt

INNSTEIN
Überseefrachter

Die INNSTEIN. (Norddeutscher Lloyd/OCC)

Baujahr: 1951
Werft: Bremer Vulkan, Bremen-Vegesack
Größe: 2693 BRT
Länge: 119,6 Meter
Breite: 15,3 Meter
Antrieb: Fünfzylinder-Diesel MAN-Vulkan, 3900 PS
Geschwindigkeit: 14,5 Knoten
Passagiere: 2

Besatzung: 31
Sonstiges: 1970 an Hapag-Lloyd, 1971 Verkauf nach Panama, 1978 nach Singapur, 1980 abgewrackt

TRAUNSTEIN
Überseefrachter

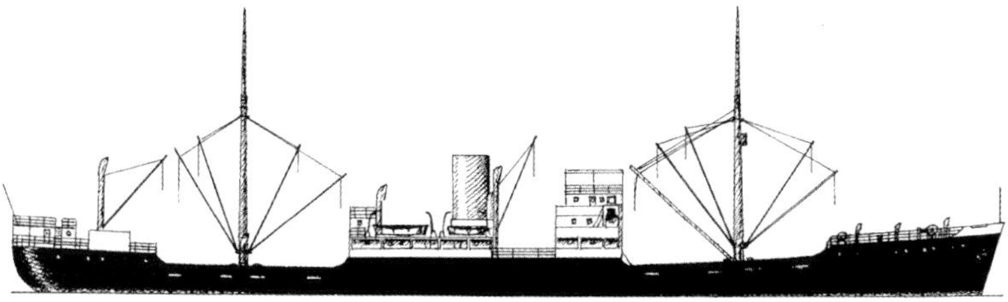

Die TRAUNSTEIN. (Norddeutscher Lloyd/OCC)

Baujahr: 1921
Werft: AG „Vulcan", Stettin
Größe: 4364 BRT

Länge: 124,2 Meter
Breite: 15,5 Meter
Antrieb: Dreifach-Expansionsmaschine Vulcan, 2000 PS
Geschwindigkeit: 11 Knoten
Passagiere: 12
Besatzung: 41
Sonstiges: 1921 als ALDA an Roland Linie, 1925 durch Fusion an den NDL, 1936 EISENACH III, 1939 umgebaut und verlängert bei der Deschimag/AG „Weser", Bremen, nach Kriegsbeginn aufgelegt in Costa Rica, 1941 in Brand gesteckt und selbst versenkt wegen drohender Beschlagnahme, 1941 gehoben, 1951 vom NDL angekauft, 1960 in Bremerhaven aufgelegt und zum Abwracken nach Wilhelmshaven verkauft

Die EMSSTEIN. (Norddeutscher Lloyd/OCC)

EMSSTEIN
Überseefrachter
Baujahr: 1951
Werft: Bremer Vulkan, Bremen-Vegesack
Größe: 2693 BRT
Länge: 119,6 Meter
Breite: 15,2 Meter
Antrieb: Fünfzylinder-Diesel MAN-Vulkan, 3900 PS
Geschwindigkeit: 14,5 Knoten

Passagiere: 2
Besatzung: 31
Sonstiges: im Oktober 1966 nach Kollision mit einem liberianischen Tanker auf dem St. Lorenz gekentert, geborgen und in Bremerhaven repariert, 1970 an Hapag-Lloyd, 1971 Verkauf nach Österreich, 1972 nach Somalia, 1976 nach Griechenland, 1978 nach Panama, 1980 Abbruch in Piräus

RUHRSTEIN
Überseefrachter

Die RUHRSTEIN. (Norddeutscher Lloyd/OCC)

Baujahr: 1951
Werft: Bremer Vulkan, Bremen-Vegesack
Größe: 2693 BRT
Länge: 119,6 Meter
Breite: 15,2 Meter
Antrieb: Fünfzylinder-Diesel MAN-Vulkan, 3900 PS
Geschwindigkeit: 14,5 Knoten
Passagiere: 2
Besatzung: 31
Sonstiges: 1964 Kollision mit einem Küstenmotorschiff auf der Außenweser, 1969 bei Texel-Feuerschiff nach einer Kollision mit einem griechischen Frachter in Brand geraten, bei Den Helder auf Grund gesetzt, im Schlepp nach Bremerhaven, in Hamburg abgewrackt

NABOB
Überseefrachter

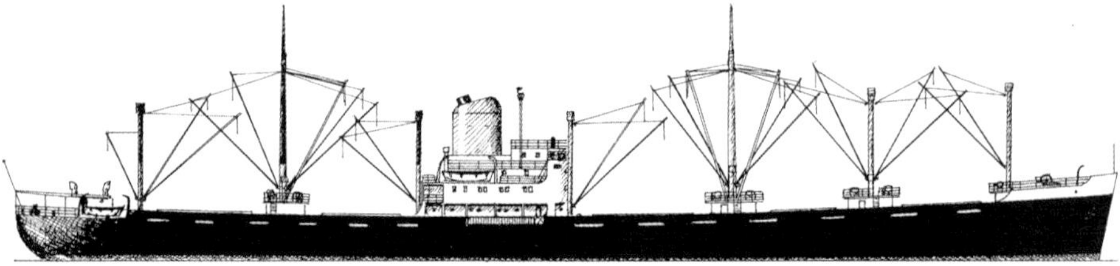

Die NABOB. (Hückstedt/Deutsches Schifffahrtsmuseum)

Baujahr: 1943
Werft: Seattle Tacoma Shipbuildung Corp, Tacoma/Washington
Größe: 7907 BRT
Länge: 149,7 Meter
Breite: 21,2 Meter
Antrieb: 1 Satz Getriebeturbinen Richardson, 6800 PS
Geschwindigkeit: 16 Knoten
Passagiere: 8
Besatzung: 62
Sonstiges: Baubeginn als US-Einheitsschiff EDISTO, fertiggestellt als Geleitflugzeugträger der Navy, verliehen an Großbritannien als NABOB, 1944 durch U-Boot-Torpedo schwer beschädigt,

1945 an USA zurück, Flugdeck entfernt, zum Abwracken nach Holland, Ankauf durch den NDL 1951, Umbau zum Frachter bei der AG „Weser" in Bremen-Gröpelingen, 1952 Ablieferung an den NDL, Ausbildungsschiff, Ostasiendienst, 1967 verkauft nach Panama, 1977 abgewrackt in Taiwan

LICHTENSTEIN

Fruchtschiff

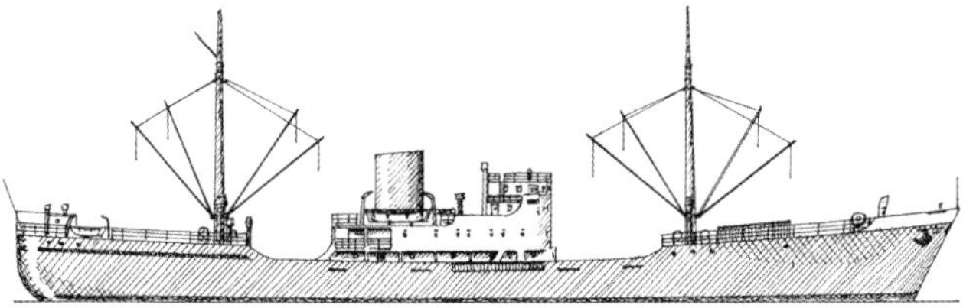

Die LICHTENSTEIN. (Slg. G.F. Oetker)

Baujahr: 1951
Werft: Bremer Vulkan, Bremen-Vegesack
Größe: 2353 BRT
Länge: 105,1 Meter
Breite: 14,2 Meter
Antrieb: Sechszylinder-Diesel MAN-Vulkan, 3900 PS
Geschwindigkeit: 16 Knoten
Passagiere: 12

Besatzung: 36
Sonstiges: Fruchtfahrt nach den Kanarischen Inseln, 1968 Verkauf nach den Philippinen

LIEBENSTEIN
Fruchtschiff

Die LIEBENSTEIN. (Norddeutscher Lloyd/OCC)

Baujahr: 1951
Werft: Bremer Vulkan, Bremen-Vegesack
Größe: 2353 BRT
Länge: 105,1 Meter
Breite: 14,2 Meter
Antrieb: Sechszylinder-Diesel MAN-Vulkan, 3900 PS
Geschwindigkeit: 16 Knoten
Passagiere: 12
Besatzung: 33
Sonstiges: Fruchtfahrt nach den Kanarischen Inseln, 1968 Verkauf nach den Philippinen

BRANDENSTEIN
Überseefrachter

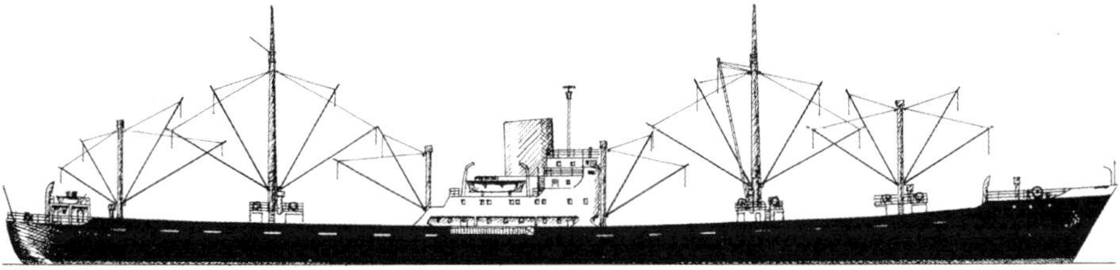

Die BRANDENSTEIN. (Norddeutscher Lloyd/OCC)

Baujahr: 1952
Werft: Bremer Vulkan, Bremen-Vegesack
Größe: 5547 BRT
Länge: 151,8 Meter
Breite: 18 Meter
Antrieb: Siebenzylinder-Diesel MAN-Vulkan, 7800 PS
Geschwindigkeit: 16,5 Knoten
Passagiere: 6
Besatzung: 40
Sonstiges: Südamerika-Westküste-Dienst, 1963 neuer Motor MAN-Vulkan mit 7000 PS, 1970 an Hapag-Lloyd, 1972 Verkauf nach Italien, 1981 abgewrackt

BIEBERSTEIN
Überseefrachter
Baujahr: 1953
Werft: Bremer Vulkan, Bremen-Vegesack
Größe: 5547 BRT

Die BIEBERSTEIN. (Norddeutscher Lloyd/OCC)

Länge: 151,8 Meter
Breite: 18 Meter
Antrieb: Siebenzylinder-Diesel MAN-Vulkan, 7800 PS
Geschwindigkeit: 16,5 Knoten
Passagiere: 6
Besatzung: 40
Sonstiges: Südamerika-Westküste-Dienst, 1962 Umbau der Maschinenanlage, 1970 an Hapag-Lloyd, 1972 Verkauf nach Italien, 1980 abgewrackt

BÄRENSTEIN
Überseefrachter

Die BÄRENSTEIN. (Norddeutscher Lloyd/OCC)

Baujahr: 1953
Werft: Bremer Vulkan, Bremen-Vegesack
Größe: 5547 BRT
Länge: 151,8 Meter
Breite: 18 Meter
Antrieb: Siebenzylinder-Diesel MAN-Vulkan, 7800 PS
Geschwindigkeit: 16,5 Knoten
Passagiere: 8
Besatzung: 42
Sonstiges: 1962 Einbau eines neuen Siebenzylinder-Diesels MAN-Vulkan mit 7000 PS, Südamerika-Westküste-Dienst, 1970 an Hapag-Lloyd, 1971 verchartert nach Indonesien, 1972 Verkauf nach Italien, 1980 abgewrackt

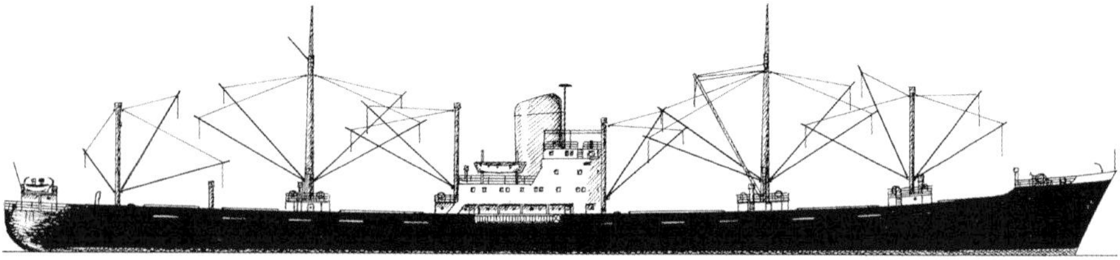

Die WESERSTEIN. (Norddeutscher Lloyd/OCC)

WESERSTEIN
Überseefrachter
Baujahr: 1953
Werft: Lübecker Flenderwerke
Größe: 6795 BRT
Länge: 160 Meter
Breite: 19,2 Meter
Antrieb: 1 Satz Getriebeturbinen Siemens-Schuckert/Deutsche Babcock & Wilcox, 9000 PS
Geschwindigkeit: 17,5 Knoten
Passagiere: 11
Besatzung: 44
Sonstiges: Ostasiendienst, 1964 beim Bremer Vulkan verlängert und zum Motorschiff umgebaut,

danach 6996 BRT, 167,4 Meter Länge, 1 Neunzylinder-Diesel MAN-Vulkan mit 14.400 PS, 20 Knoten, 1970 an Hapag-Lloyd, 1973 verkauft nach Somalia, 1977 nach Panama, 1985 abgewrackt

WERRASTEIN

Überseefrachter

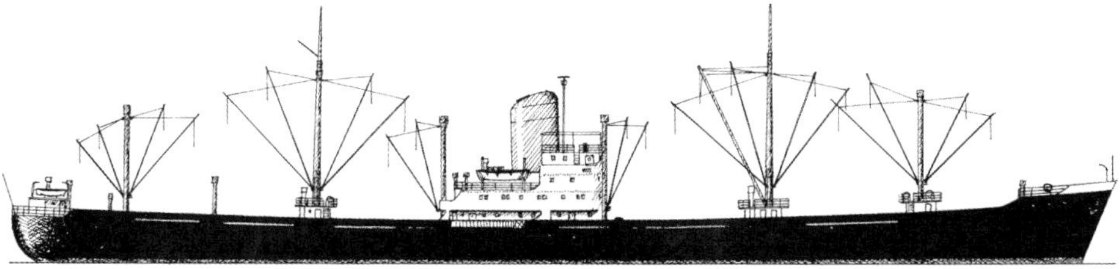

Die WERRASTEIN. (Slg. Thiel)

Baujahr: 1953
Werft: Deutsche Werft, Hamburg
Größe: 6737 BRT
Länge: 160 Meter
Breite: 19,2 Meter
Antrieb: 1 Satz Getriebeturbinen AEG, 9000 PS
Geschwindigkeit: 17 Knoten
Passagiere: 11
Besatzung: 44
Sonstiges: Ostasiendienst, 1963/64 bei der AG „Weser" verlängert und zum Motorschiff umge-

baut, danach 6905 BRT, 166,3 Meter Länge, 1 Neunzylinder-Diesel MAN-Vulkan mit 14.400 PS, 20 Knoten, 1970 an Hapag-Lloyd, 1973 verkauft nach Somalia, 1978 nach Panama, 1985 abgewrackt

NECKARSTEIN
Überseefrachter

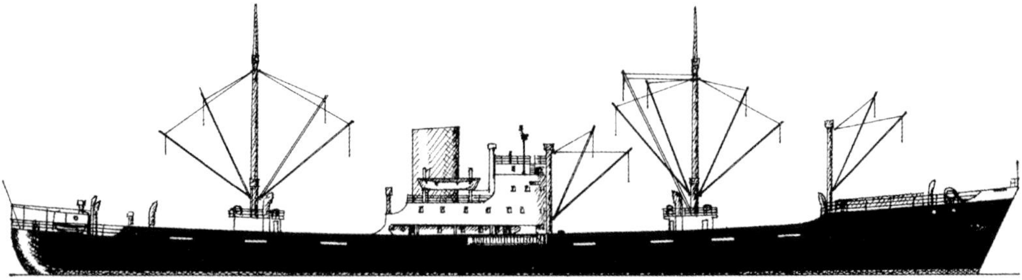

Die NECKARSTEIN. (Norddeutscher Lloyd/OCC)

Baujahr: 1953
Werft: Howaldtswerke, Hamburg
Größe: 6996 BRT

Länge: 161,5 Meter
Breite: 19,2 Meter
Antrieb: 1 Satz Getriebeturbinen BBC, 9000 PS
Geschwindigkeit: 17 Knoten
Passagiere: 6
Besatzung: 44
Sonstiges: Ostasiendienst, 1964 beim Bremer Vulkan verlängert und zum Motorschiff umgebaut, danach 6993 BRT, 169,9 Meter Länge, 1 Neunzylinder-Diesel MAN-Vulkan mit 14.400 PS, 20 Knoten, 1970 an Hapag-Lloyd, 1973 verkauft nach Somalia, später Panama, 1985 abgewrackt

MOSELSTEIN
Überseefrachter

Die MOSELSTEIN. (Norddeutscher Lloyd/OCC)

Baujahr: 1954
Werft: Howaldtswerke, Hamburg
Größe: 6968 BRT
Länge: 161,5 Meter
Breite: 19,2 Meter
Antrieb: 1 Satz Getriebeturbinen BBC, 9000 PS
Geschwindigkeit: 17 Knoten

Passagiere: 6
Besatzung: 44
Sonstiges: Ostasiendienst, 1957 Kollision mit einem britischen Frachter auf der Unterelbe, mit dem Vorschiff auf Grund, zur Reparatur nach Hamburg geschleppt, 1964 beim Bremer Vulkan verlängert und zum Motorschiff umgebaut, 6994 BRT, 169,9 Meter Länge, 1 Neunzylinder-Diesel MAN-Vulkan mit 14.400 PS, 20 Knoten, 1966 in Antwerpen durch Explosionen im Vorschiff schwer beschädigt und ausgebrannt, 1967 zur Reparatur nach Hamburg geschleppt, 1970 an Hapag-Lloyd, 1974 an HL International, Panama, 1977 nach Panama verkauft, 1982 abgewrackt

SCHWABENSTEIN
Kombiniertes Fracht- und Passagierschiff

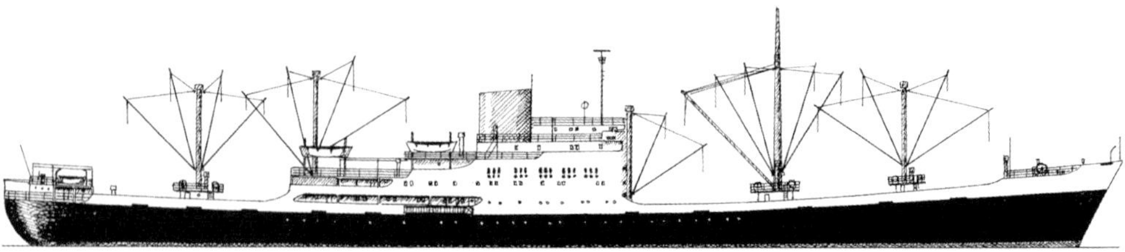

Die SCHWABENSTEIN. (Norddeutscher Lloyd/OCC)

Baujahr: 1954
Werft: Bremer Vulkan, Bremen-Vegesack

Größe: 8955 BRT
Länge: 163,9 Meter
Breite: 19,4 Meter
Antrieb: 2 Siebenzylinder-Diesel mit Getriebe MAN-Vulkan, 10.560 PS
Geschwindigkeit: 17 Knoten
Passagiere: 87 Erste Klasse
Besatzung: 91
Sonstiges: Ostasiendienst, 1967 nach Liberia verkauft, 1978 in Hongkong aufgelegt, 1979 abgewrackt

GRIPSHOLM/BERLIN
Passagierschiff

Die GRIPSHOLM vor New York. (Deutsches Schifffahrtsmuseum)

Baujahr: 1925
Werft: Armstrong, Whitworth & Co. Ltd., Newcastle
Größe: 18.600 BRT
Länge: 179,8 Meter
Breite: 22,7 Meter
Antrieb: 2 Sechszylinder-Diesel Burmeister & Wain, 13.500 PS
Geschwindigkeit: 16 Knoten
Passagiere: 98 Erste Klasse, 878 Touristenklasse
Besatzung: 354
Sonstiges: als GRIPSHOLM gebaut für die Svenska-Amerika Linjen, Göteborg, 30. Januar 1954 an die Bremen-Amerika Linie, einer Tochter der SAL und des NDL, bereedert vom NDL, 1. Februar 1954 erste Reise Bremerhaven–New York, 7. Januar 1955 BERLIN, 22. Januar 1955 erste Karibikkreuzfahrt von New York aus, im April 1959 Übernahme des Anteils der SAL an der Bremen-Amerika Linie durch den NDL, Ende November 1966 zum Abwracken nach La Spezia

TRAVESTEIN
Überseefrachter

Die TRAVESTEIN. (Norddeutscher Lloyd/OCC)

Baujahr: 1954
Werft: Lübecker Flenderwerke
Größe: 6752 BRT
Länge: 160 Meter
Breite: 19,2 Meter

Antrieb: 1 Satz Getriebeturbinen Siemens-Schuckert/Deutsche Babcock & Wilcox, 9000 PS
Geschwindigkeit: 17,5 Knoten
Passagiere: 11
Besatzung: 45
Sonstiges: Ostasiendienst, 1964/65 beim Bremer Vulkan verlängert und zum Motorschiff umgebaut, 7008 BRT, 167,4 Meter Länge, 1 Neunzylinder-Diesel MAN-Vulkan mit 14.400 PS, 20 Knoten, 1970 an Hapag-Lloyd, 1973 nach Somalia verkauft, 1978 nach Panama, 1985 abgewrackt

HESSENSTEIN

Kombiniertes Fracht- und Passagierschiff

Die HESSENSTEIN. (Deutsches Schifffahrtsmuseum)

Baujahr: 1954
Werft: Bremer Vulkan, Bremen-Vegesack
Größe: 8929 BRT
Länge: 163,9 Meter
Breite: 19,4 Meter
Antrieb: 2 Siebenzylinder-Diesel mit Getriebe MAN-Vulkan, 10.560 PS
Geschwindigkeit: 17 Knoten
Passagiere: 87 Erste Klasse
Besatzung: 91
Sonstiges: Ostasiendienst, 1967 nach Liberia verkauft, 1978 abgewrackt

HAVELSTEIN

Überseefrachter

Die HAVELSTEIN. (Norddeutscher Lloyd/OCC)

Baujahr: 1954
Werft: Deutsche Werft, Hamburg
Größe: 6734 BRT
Länge: 159 Meter
Breite: 19,2 Meter
Antrieb: 1 Satz Getriebeturbinen AEG, 9000 PS
Geschwindigkeit: 17 Knoten
Passagiere: 12
Besatzung: 47
Sonstiges: Ostasiendienst, 1964 bei der AG „Weser" verlängert und zum Motorschiff umgebaut, 6903 BRT, 168 Meter Länge, 1 Neunzylinder-Diesel MAN-Vulkan mit 14.400 PS, 20 Knoten, 1970 an Hapag-Lloyd, 1973 nach Indonesien verkauft, 1978 nach Panama, 1984 abgewrackt

ISARSTEIN

Überseefrachter
Baujahr: 1954
Werft: Deutsche Werft, Hamburg
Größe: 6717 BRT
Länge: 159 Meter
Breite: 19,2 Meter

Die ISARSTEIN. (Norddeutscher Lloyd/OCC)

Antrieb: 1 Satz Getriebeturbinen AEG, 9000 PS
Geschwindigkeit: 17 Knoten
Passagiere: 12
Besatzung: 47
Sonstiges: Ostasiendienst, 1964 bei der AG „Weser" verlängert und zum Motorschiff umgebaut, 6900 BRT, 168 Meter Länge, 1 Neunzylinder-Diesel MAN-Vulkan mit 14.400 PS, 20 Knoten, 1970 an Hapag-Lloyd, 1973 nach Indonesien verkauft, 1983 abgewrackt

BAYERNSTEIN

Kombiniertes Fracht- und Passagierschiff

Die BAYERNSTEIN. (Karl Schemkes/Deutsches Schifffahrtsmuseum)

Baujahr: 1955
Werft: Bremer Vulkan, Bremen-Vegesack
Größe: 8999 BRT
Länge: 163,9 Meter
Breite: 19,4 Meter
Antrieb: 2 Siebenzylinder-Diesel mit Getriebe MAN-Vulkan, 10.560 PS
Geschwindigkeit: 17 Knoten
Passagiere: 87 Erste Klasse
Besatzung: 91
Sonstiges: Ostasiendienst, 1967 nach Liberia verkauft, 1979 abgewrackt

RAVENSTEIN
Überseefrachter

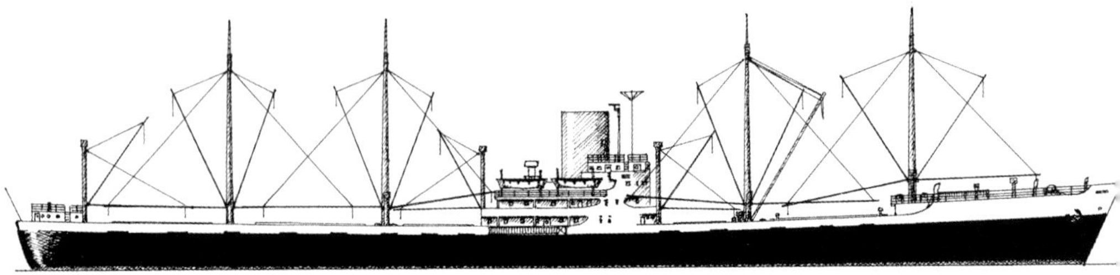

Die RAVENSTEIN. (Norddeutscher Lloyd/OCC)

Baujahr: 1943/47
Werft: J. Cockerill, Hoboken/Belgien
Größe: 7822 BRT
Länge: 166,5 Meter
Breite: 19,7 Meter
Antrieb: 3 Sechszylinder-Diesel Cockerill, 12.000 PS
Geschwindigkeit: 17,5 Knoten
Passagiere: 5
Besatzung: 53
Sonstiges: Im Zweiten Weltkrieg als künftige REGENSBURG vom NDL bestellt, im August 1943 Baustopp, 1944 von Belgien beschlagnahmt, Stapellauf 1946, 1947 Ablieferung als BASTOGNE an Cie. Maritime Belge, Antwerpen, 1955 Kauf durch den NDL, 1961 Einbau neuer Fünfzylinder-Diesel MAN-Vulkan mit 12.000 PS beim Bremer Vulkan, 1970 an Hapag-Lloyd, 1971 nach Zypern verkauft, 1979 abgewrackt

TRIERSTEIN
Überseefrachter

Die TRIERSTEIN. (Deutsches Schifffahrtsmuseum)

Baujahr: 1922
Werft: AG Vulcan, Stettin
Größe: 4162 BRT
Länge: 115,1 Meter

Breite: 15,6 Meter
Antrieb: 1 Satz Getriebeturbinen Vulcan, 1660 PS
Geschwindigkeit: 10,5 Knoten
Passagiere: 12
Besatzung: 48
Sonstiges: Ab 1922 Südamerikadienst als PORTA, 1939/40 auf der Danziger Werft verlängert, 4341 BRT, 124, 2 Meter Länge, neue Kessel und AEG-Turbinen mit 4200 PS, 14,5 Knoten, 1946 an die Niederlande, 1950 ADOLF VINNEN, Bremen, im TB des NDL in Bremerhaven Leistung auf 2850 PS verringert/13 Knoten wegen alliierter Vorschriften, 1955 Charter NDL-Mittelamerikadienst, Ankauf 1955 TRIERSTEIN, 1961 verkauft nach Panama, 1964 abgewrackt.

ROTHENSTEIN
Überseefrachter

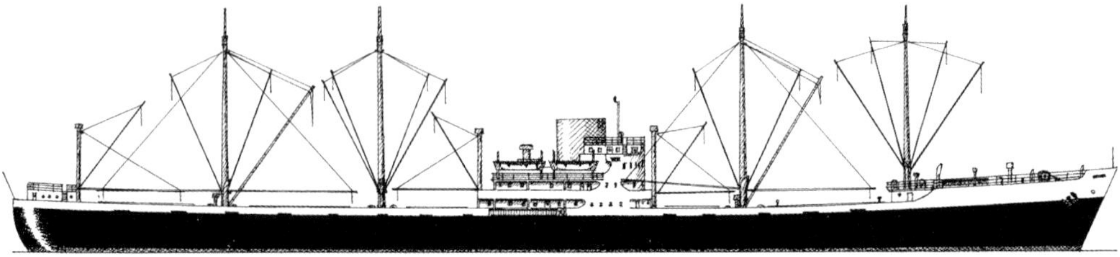

Die ROTHENSTEIN. (Deutsches Schifffahrtsmuseum)

Baujahr: 1946
Werft: J. Cockerill, Hoboken/Belgien
Größe: 7834 BRT
Länge: 166,5 Meter
Breite: 19,7 Meter
Antrieb: 3 Sechszylinder-Diesel Cockerill, 12.000 PS
Geschwindigkeit: 17,5 Knoten
Passagiere: 5
Besatzung: 54
Sonstiges: Im Zweiten Weltkrieg als künftige COBURG vom NDL bestellt, 1943 für Kriegsmarine als Versorger weitergebaut, 1943 Stapellauf, 1944 von den Deutschen in der Werft versenkt, 1944 gehoben und weitergebaut, 1946 als STAVELOT an Cie. Maritime Belge, Antwerpen, 1955 Kauf durch den NDL, Ausbildungsschiff, 1961 Einbau neuer Fünfzylinder-Diesel MAN-Vulkan mit 12.000 PS beim Bremer Vulkan, 1970 an Hapag-Lloyd, 1971 nach Zypern verkauft, 1979 abgewrackt

REIFENSTEIN
Überseefrachter

Die REIFENSTEIN. (Norddeutscher Lloyd/OCC)

Baujahr: 1946
Werft: J. Cockerill, Hoboken/Belgien

Größe: 7859 BRT
Länge: 166,5 Meter
Breite: 19,7 Meter
Antrieb: 3 Sechszylinder-Diesel Cockerill, 12.000 PS
Geschwindigkeit: 17,5 Knoten
Passagiere: 5
Besatzung: 53
Sonstiges: Im Zweiten Weltkrieg als künftige MARBURG vom NDL bestellt, 1944 von den Deutschen in der Werft versenkt, gehoben und weitergebaut, 1946 als HOUFFALIZE an Cie. Maritime Belge, Antwerpen, 1955 Kauf durch den NDL, 1961 Einbau neuer Fünfzylinder-Diesel MAN-Vulkan mit 12.000 PS beim Bremer Vulkan, 1970 an Hapag-Lloyd, 1971 nach Zypern verkauft, 1978 abgewrackt

TANNSTEIN
Überseefrachter

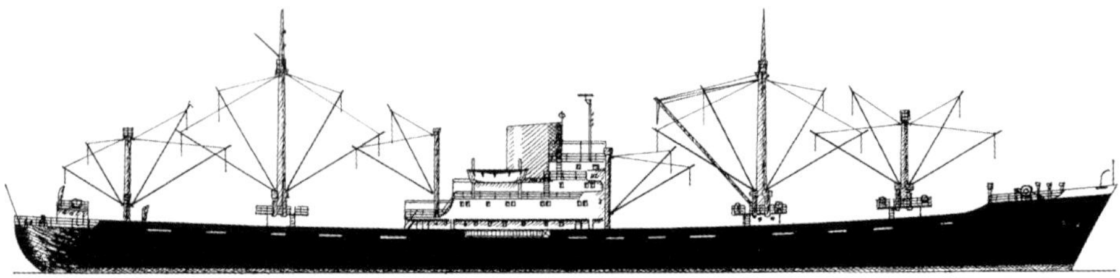

Die TANNSTEIN. (Norddeutscher Lloyd/OCC)

Baujahr: 1955
Werft: Bremer Vulkan, Bremen-Vegesack
Größe: 5572 BRT
Länge: 151,8 Meter
Breite: 18,4 Meter
Antrieb: Siebenzylinder-Diesel Danziger Werft und 1 Sechszylinder-Diesel MAN-Vulkan mit Getrieben, 4700 PS
Geschwindigkeit: 14,5 Knoten
Passagiere: 6
Besatzung: 43
Sonstiges: 1962 Einbau eines neuen Achtzylinder-Diesels MAN mit 8480 PS bei den Howaldtswerken, Hamburg, 17 Knoten, 1970 an Hapag-Lloyd, 1972 nach Somalia verkauft, 1976 nach Panama, 1996 abgewrackt

TORSTEIN
Überseefrachter

Die TORSTEIN. (Norddeutscher Lloyd/OCC)

Baujahr: 1955
Werft: Bremer Vulkan, Bremen-Vegesack
Größe: 5572 BRT
Länge: 151,8 Meter
Breite: 18,4 Meter

Die BISCHOFSTEIN. (Norddeutscher Lloyd/OCC)

BISCHOFSTEIN
Überseefrachter
Baujahr: 1956
Werft: Bremer Vulkan, Bremen-Vegesack
Größe: 5794 BRT
Länge: 151,8 Meter
Breite: 18,4 Meter
Antrieb: Achtzylinder-Diesel MAN-Vulkan, 9000 PS
Geschwindigkeit: 17,5 Knoten
Passagiere: 5
Besatzung: 43
Sonstiges: 1959 Kollision in der Außenweser mit einem sowjetischen Frachter, der sinkt, ein Toter, 1970 an Hapag-Lloyd, 1974 an HL International, Panama, 1976 nach Panama verkauft, 1983 abgewrackt

HEIN MÜCK
Seebäderschiff

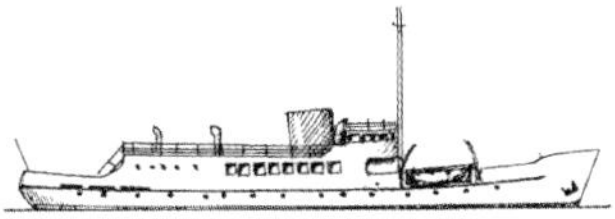

Die HEIN MÜCK. (Norddeutscher Lloyd/OCC)

Baujahr. 1944
Werft: Stockton Construction Co Ltd., Stockton on Trent
Größe: 308 BRT
Länge: 45,5 Meter
Breite: 6,7 Meter
Antrieb: 2 Zwölfzylinder-Diesel Davey Paxman, 760 PS
Geschwindigkeit: 17,5 Knoten
Passagiere: 400
Besatzung: 16
Sonstiges: gebaut als Landungsboot für die Navy, 1948 in Poole Umbau zum Seebäderschiff ROCHESTER QUEEN in Rochester, 1956 NDL HEIN MÜCK für Wangerooge-Dienst, 1961 zurück nach Großbritannien

BLANKENSTEIN
Überseefrachter

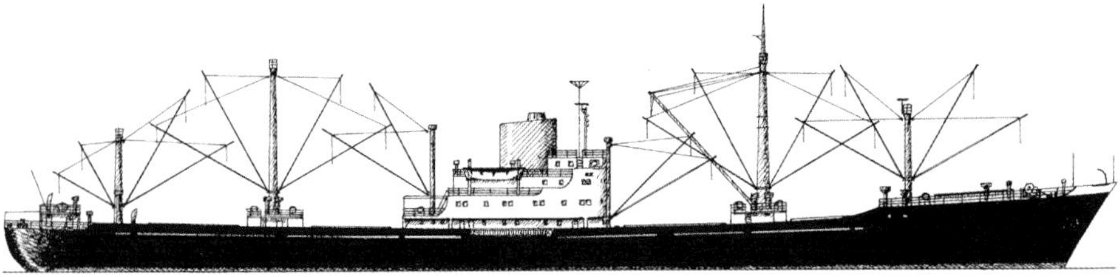

Die BLANKENSTEIN. (Archiv Hapag-Lloyd)

Baujahr: 1956
Werft: Bremer Vulkan, Bremen-Vegesack
Größe: 5827 BRT
Länge: 151,8 Meter
Breite: 18,4 Meter
Antrieb: Achtzylinder-Diesel MAN-Vulkan, 9000 PS
Geschwindigkeit: 17,5 Knoten
Passagiere: 5
Besatzung: 44
Sonstiges: 1970 an Hapag-Lloyd, 1974 an HL International, Panama, 1976 nach Singapur verkauft, 1983 abgewrackt

BARTENSTEIN
Überseefrachter

Die BARTENSTEIN. (Deutsches Schifffahrtsmuseum)

Baujahr: 1956
Werft: Bremer Vulkan, Bremen-Vegesack
Größe: 5827 BRT
Länge: 151,8 Meter
Breite: 18,4 Meter
Antrieb: Achtzylinder-Diesel MAN-Vulkan, 9000 PS
Geschwindigkeit: 17,5 Knoten
Passagiere: 5
Besatzung: 44
Sonstiges: 1970 an Hapag-Lloyd, 1974 an HL International, Panama, 1977 nach Singapur verkauft, 1983 abgewrackt

BODENSTEIN
Überseefrachter
Baujahr: 1957
Werft: Bremer Vulkan, Bremen-Vegesack
Größe: 5827 BRT

Die BODENSTEIN. (Norddeutscher Lloyd/OCC)

Länge: 151,8 Meter
Breite: 18,4 Meter
Antrieb: Achtzylinder-Diesel MAN-Vulkan, 9000 PS
Geschwindigkeit: 17,5 Knoten
Passagiere: 5
Besatzung: 44
Sonstiges: 1970 an Hapag-Lloyd, 1974 an HL International, Panama, 1977 nach Singapur verkauft, 1979 abgewrackt

SPREESTEIN
Überseefrachter
Baujahr: 1957
Werft: Bremer Vulkan, Bremen-Vegesack
Größe: 2998 BRT
Länge: 126 Meter
Breite: 16 Meter
Antrieb: Sechszylinder-Diesel MAN-Vulkan, 3900 PS
Geschwindigkeit: 14,5 Knoten
Passagiere: 2
Besatzung: 33

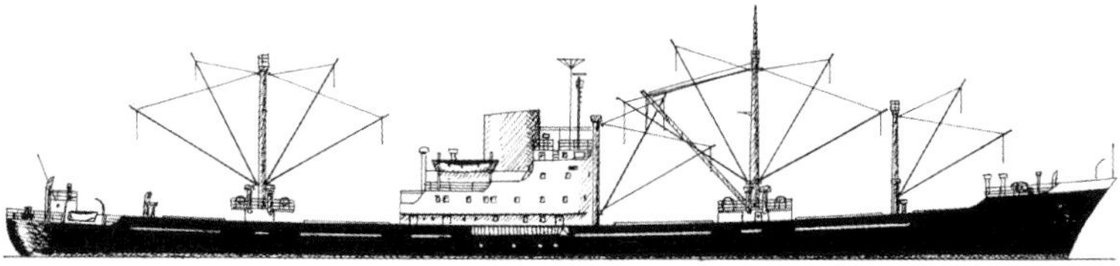

Die SPREESTEIN. (Norddeutscher Lloyd/OCC)

Sonstiges: 1970 an Hapag-Lloyd, 1972 nach Somalia verkauft, 1976 nach China, 1981 nach Panama und 1983 wieder nach China, 2001 abgewrackt

SIEGSTEIN

Überseefrachter

Baujahr: 1957

Werft: Bremer Vulkan, Bremen-Vegesack

Größe: 2998 BRT

Länge: 126 Meter

Breite: 16 Meter

Antrieb: Sechszylinder-Diesel MAN-Vulkan, 3900 PS

Geschwindigkeit: 14,5 Knoten

Passagiere: 2

Besatzung: 33

Sonstiges: 1970 an Hapag-Lloyd, 1972 nach Somalia verkauft, 1976 nach China und 1981 nach Panama, 1986 abgewrackt

Die SIEGSTEIN. (Deutsches Schifffahrtsmuseum)

BREMEN
Passagierschiff
Baujahr: 1939
Werft: Penhoet, Chantiers et Ateliers de St. Nazaire SA, St. Nazaire/Frankreich
Größe: 32.336 BRT
Länge: 212,4 Meter
Breite: 27,5 Meter
Antrieb: 4 Satz Getriebeturbinen Le Bourget, 60.000 PS
Geschwindigkeit: 23 Knoten
Passagiere: 216 Erste Klasse, 906 Touristenklasse
Besatzung: 545
Sonstiges: 1938/39 für den französischen Südatlantikdienst gebaut, dort nie eingesetzt, 1940 britischer Truppentransporter, 1946 an Frankreich zurück, weiter als Truppentransporter genutzt vor allem nach Indochina, 1956 aufgelegt in Brest, 1957 Kauf NDL, 1958/59 Umbau beim Bremer Vulkan, 9. Juli 1959 Jungfernreise im Liniendienst Bremerhaven–New York, 15. Januar 1960 erste Kreuzfahrt von New York in die Karibik, 1970 an Hapag-Lloyd, 1971 verkauft nach Griechenland,

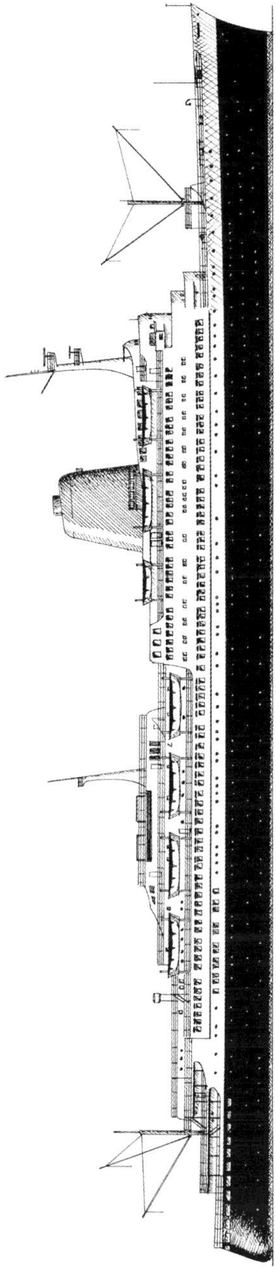

Die BREMEN. (Karl Schemkes/Deutsches Schifffahrtsmuseum)

Ablieferung Januar 1971, als REGINA MAGNA Kreuzfahrten, ab Oktober 1974 in Piräus aufgelegt, 1977 Hotel in Djeddah/Saudi-Arabien SAUDIPHIL 1, 1980 FILIPINAS SAUDI 1, 9. Juni 1980 auf dem Weg zur Abwrackwerft im Arabischen Meer gesunken.

BURGENSTEIN
Überseefrachter
Baujahr: 1958
Werft: Bremer Vulkan, Bremen-Vegesack
Größe: 8495 BRT
Länge: 147 Meter
Breite: 19,8 Meter
Antrieb: Achtzylinder-Diesel MAN-Vulkan, 9000 PS
Geschwindigkeit: 17,5 Knoten
Passagiere: 10
Besatzung: 47
Sonstiges: 1970 an Hapag-Lloyd, 1974 an Hapag-Lloyd International, zwei Tote bei Explosions-

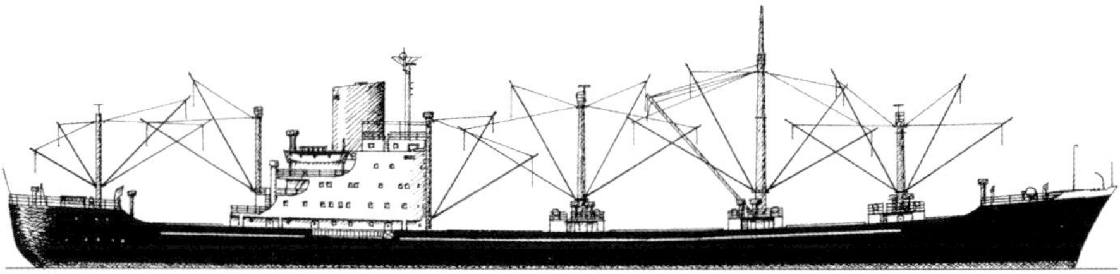

Die BURGENSTEIN. (Deutsches Schifffahrtsmuseum)

unfall am 10. Januar 1977 in Bremerhaven in Luke 2, 1981 nach Saudi-Arabien verkauft, 1984 abgewrackt

LECHSTEIN
Überseefrachter
Baujahr: 1957
Werft: Atlas-Werke, Bremen
Größe: 3060 BRT
Länge: 130,6 Meter
Breite: 12,3 Meter
Antrieb: Sechszylinder-Diesel MAN-Vulkan, 3900 PS
Geschwindigkeit: 14,5 Knoten
Passagiere: 2
Besatzung: 33
Sonstiges: 1970 an Hapag-Lloyd, 1972 HOLSTENDEICH der Reederei Offen unter Somalia-Flagge, Brand in der Biscaya im September 1977, von der Besatzung verlassen, eingeschleppt nach Brest,

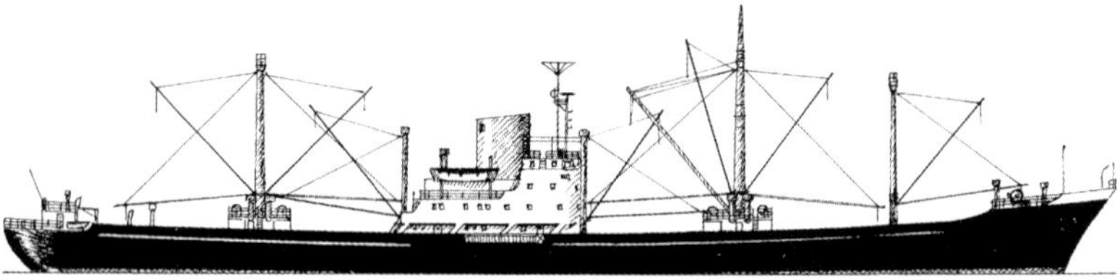

Die LECHSTEIN. (Norddeutscher Lloyd/OCC)

dort zum Totalverlust erklärt, nach Griechenland geschleppt und repariert, ab Juli 1979 wieder in Fahrt, 1986 abgewrackt

BUCHENSTEIN

Überseefrachter
Baujahr: 1958
Werft: Bremer Vulkan, Bremen-Vegesack
Größe: 8519 BRT
Länge: 147 Meter
Breite: 19,8 Meter
Antrieb: Achtzylinder-Diesel MAN-Vulkan, 9000 PS
Geschwindigkeit: 17,5 Knoten
Passagiere: 10
Besatzung: 47
Sonstiges: 1970 an Hapag-Lloyd, 1974 an Hapag-Lloyd International, Panama, 1981 nach Saudi-Arabien verkauft, 1983 abgewrackt

Die BUCHENSTEIN. (Slg. G.F. Oetker)

ILLSTEIN

Überseefrachter

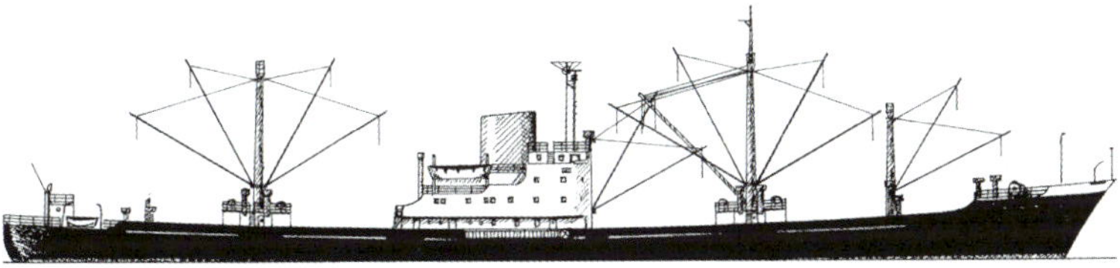

Die ILLSTEIN. (Norddeutscher Lloyd/OCC)

Baujahr: 1959
Werft: Bremer Vulkan, Bremen-Vegesack
Größe: 3049 BRT
Länge: 126 Meter
Breite: 16 Meter
Antrieb: Sechszylinder-Diesel MAN-Vulkan, 3900 PS
Geschwindigkeit: 14,5 Knoten
Passagiere: 2
Besatzung: 33
Sonstiges: 1970 an Hapag-Lloyd, 1972 verkauft nach Somalia, 1976 nach China, 1993 abgewrackt

WIEDSTEIN
Überseefrachter

Die WIEDSTEIN. (Hapag-Lloyd)

Baujahr: 1959
Werft: Bremer Vulkan, Bremen-Vegesack
Größe: 3049 BRT
Länge: 126 Meter
Breite: 16 Meter

Antrieb: Sechszylinder-Diesel MAN-Vulkan, 3900 PS
Geschwindigkeit: 14,5 Knoten
Passagiere: 2
Besatzung: 33
Sonstiges: 1970 an Hapag-Lloyd, 1972 verkauft nach Somalia, 1976 nach Panama, 1986 abgewrackt

NABSTEIN
Überseefrachter

Die NABSTEIN. (Hapag-Lloyd)

Baujahr: 1959
Werft: Atlas-Werke, Bremen
Größe: 3660 BRT
Länge: 130 Meter
Breite: 16,3 Meter
Antrieb: Sechszylinder-Diesel MAN-Vulkan, 3900 PS
Geschwindigkeit: 14,5 Knoten
Passagiere: 2
Besatzung: 33
Sonstiges: 1970 an Hapag-Lloyd, 1972 verkauft als HOLSTENFLEET (Offen) unter Somalia-Flagge, 1978 nach Griechenland, 1982 nach Saudi-Arabien, 1991 abgewrackt

BUNTENSTEIN
Überseefrachter

Die BUNTENSTEIN. (Hapag-Lloyd)

Baujahr: 1959
Werft: Bremer Vulkan, Bremen-Vegesack
Größe: 8520 BRT
Länge: 147 Meter
Breite: 19,8 Meter
Antrieb: Achtzylinder-Diesel MAN-Vulkan, 9000 PS
Geschwindigkeit: 17,5 Knoten
Passagiere: 10
Besatzung: 47
Sonstiges: 1970 an Hapag-Lloyd, 1974 an Hapag-Lloyd International, Panama, 1980 nach Somalia, im selben Jahr weiter nach Panama verkauft, 1984 abgewrackt

REGENSTEIN
Überseefrachter
Baujahr: 1960
Werft: Howaldtswerke, Hamburg
Größe: 10.091 BRT
Länge: 160,7 Meter

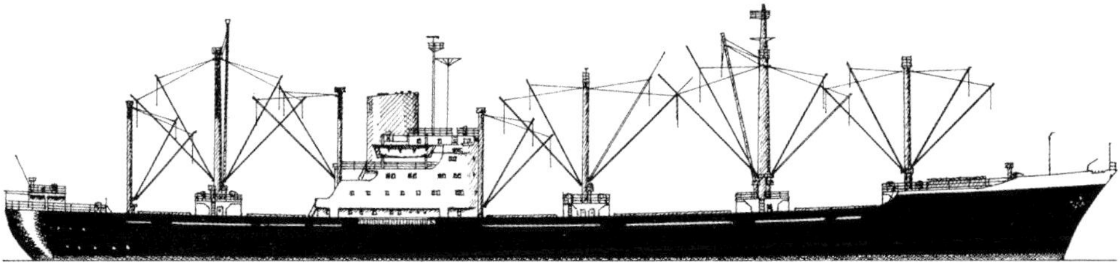

Die REGENSTEIN. (Hapag-Lloyd)

Breite: 20 Meter
Antrieb: Neunzylinder-Diesel MAN-Howaldt, 9000 PS
Geschwindigkeit: 17,5 Knoten
Passagiere: 9
Besatzung: 44
Sonstiges: 1968 bei der AG „Weser" zum Semicontainerschiff umgebaut, 1970 an Hapag-Lloyd, 1976 verkauft nach Singapur, 1984 abgewrackt

RIEDERSTEIN
Überseefrachter
Baujahr: 1960
Werft: Howaldtswerke, Hamburg
Größe: 10.092 BRT
Länge: 160,7 Meter
Breite: 20 Meter

Die RIEDERSTEIN. (Deutsches Schifffahrtsmuseum)

Antrieb: Neunzylinder-Diesel MAN-Howaldt, 9000 PS
Geschwindigkeit: 17,5 Knoten
Passagiere: 9
Besatzung: 44
Sonstiges: 1970 an Hapag-Lloyd, Brand der Baumwollladung 1973 in Bremen, 1976 verkauft nach Singapur, 1984 abgewrackt

OSTER TILL
Küstenleichter
Baujahr: 1962
Werft: Schiffbau-Gesellschaft „Unterweser" AG, Bremerhaven
Größe: 470 BRT
Länge: 49,6 Meter
Breite: 8,8 Meter
Antrieb: Sechszylinder-Diesel KHD, 350 PS
Geschwindigkeit: 9 Knoten

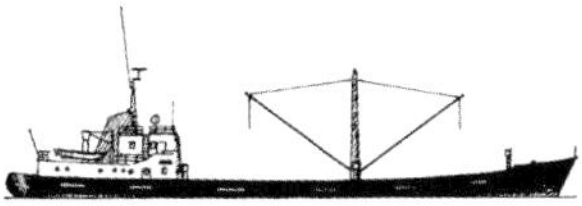

Die OSTER TILL. (Deutsches Schifffahrtsmuseum)

Besatzung: 7
Sonstiges: 1970 an Hapag-Lloyd, 1972 in Bremerhaven aufgelegt, 1973 nach Panama verkauft

WESTER TILL
Küstenleichter

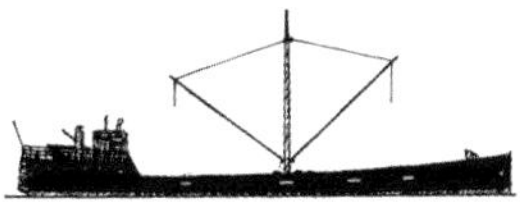

Baujahr: 1962
Werft: Schiffbau-Gesellschaft „Unterweser" AG, Bremerhaven
Größe: 470 BRT
Länge: 49,6 Meter
Breite: 8,8 Meter
Antrieb: Sechszylinder-Diesel KHD, 350 PS
Geschwindigkeit: 9 Knoten
Besatzung: 7

Sonstiges: 1970 an Hapag-Lloyd, im Juni 1972 in Bremerhaven aufgelegt und als Getreidelager genutzt, 1973 nach Panama verkauft, 2010 abgewrackt

Die WESTER TILL. (Deutsches Schifffahrtsmuseum)

NORDER PIEP
Küstenleichter

Die NORDER PIEP. (Hapag-Lloyd)

Baujahr: 1963
Werft: Schiffbau-Gesellschaft „Unterweser" AG, Bremerhaven
Größe: 452 BRT
Länge: 49,6 Meter
Breite: 8,8 Meter
Antrieb: Sechszylinder-Diesel KHD, 350 PS
Geschwindigkeit: 9 Knoten
Besatzung: 7
Sonstiges: 1970 an Hapag-Lloyd, 1973 nach Panama verkauft

SÜDER PIEP
Küstenleichter

Die SÜDER PIEP. (Deutsches Schifffahrtsmuseum)

Baujahr: 1962
Werft: Schiffbau-Gesellschaft „Unterweser" AG, Bremerhaven
Größe: 452 BRT
Länge: 49,6 Meter
Breite: 8,8 Meter
Antrieb: Sechszylinder-Diesel KHD, 350 PS
Geschwindigkeit: 9 Knoten
Besatzung: 7

Sonstiges: 1970 an Hapag-Lloyd, 1973 verkauft nach Panama, 1980 nach Bangladesch, 1998 abgewrackt

EUROPA

Passagierschiff

Die EUROPA. (Hapag-Lloyd)

Baujahr: 1953
Werft: De Schelde, Vlissingen/Niederlande
Größe: 21.514 BRT
Länge: 182,9 Meter
Breite: 23,5 Meter
Antrieb: 2 Achtzylinder-Diesel Burmeister & Wain, 18.300 PS
Geschwindigkeit: 19/21 Knoten
Passagiere: 122 Erste Klasse, 721 Touristenklasse
Besatzung: 418
Sonstiges: gebaut als KUNGSHOLM für Svenska Amerika Linjen, 1964 verkauft an den NDL mit Lieferung 1965, 9. Januar 1966 Jungfernreise Bremerhaven-New York, Januar 1966 erste Kreuzfahrt von New York in die Karibik, 1970 an Hapag-Lloyd, 1981 verkauft COLUMBUS C, Juli 1984 in Cadiz im Sturm gegen einen Wellenbrecher, am Kai gesunken, 1985 abgewrackt

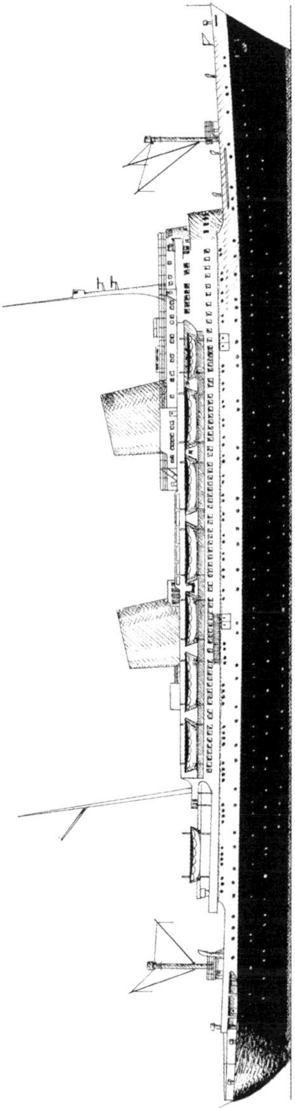

LINDENSTEIN

Fruchtschiff

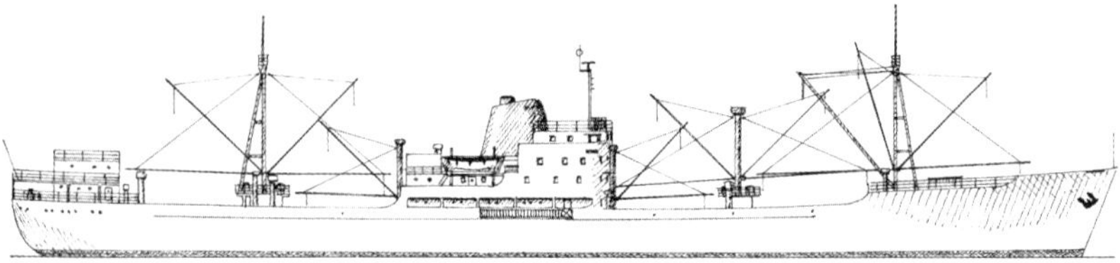

Die LINDENSTEIN. (Slg. G.F. Oetker)

Baujahr: 1954
Werft: Uddevallavarvet AB, Uddevalla/Schweden
Größe: 4785 BRT
Länge: 132,2 Meter
Breite: 17,3 Meter
Antrieb: Achtzylinder-Diesel der Götaverken, 7500 PS
Geschwindigkeit: 18 Knoten
Passagiere: 12
Besatzung: 40
Sonstiges: 1966 Ankauf durch den NDL, Fruchtfahrt nach den Kanarischen Inseln, 1970 an Hapag-Lloyd, 1971 Verkauf nach Griechenland

FRIESENSTEIN

Schnellfrachter

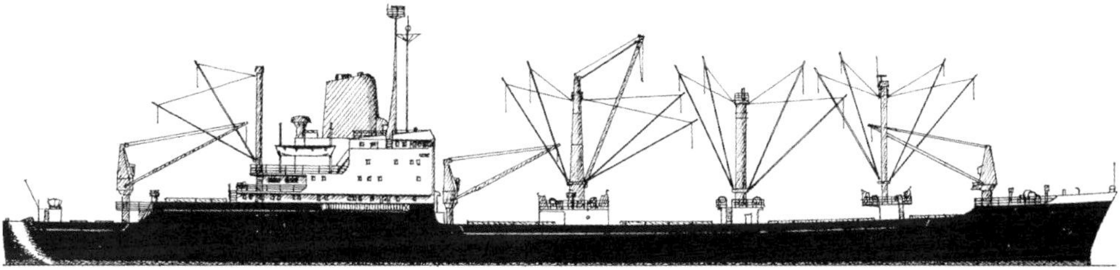

Die FRIESENSTEIN. (Hapag-Lloyd)

Baujahr: 1967
Werft: Lübecker Flenderwerke
Größe: 10.481 BRT
Länge: 161,7 Meter
Breite: 22,6 Meter
Antrieb: Achtzylinder-Diesel MAN-Vulkan, 18.400 PS
Geschwindigkeit: 21 Knoten
Passagiere: 12
Besatzung: 46

Sonstiges: Ostasiendienst, 1970 an Hapag-Lloyd, 1980 bei den Thyssen-Nordseewerken in Emden verlängert, 12.702 BRT, 176,5 Meter Länge, Semicontainerschiff für 322 TEU, 1983 verkauft nach Panama, 1987 nach Griechenland, 1994 abgewrackt

HESSENSTEIN

Schnellfrachter

Die HESSENSTEIN. (Slg. G.F. Oetker)

Baujahr: 1967
Werft: Bremer Vulkan, Bremen-Vegesack
Größe: 10.481 BRT
Länge: 161,7 Meter
Breite: 22,6 Meter
Antrieb: Achtzylinder-Diesel MAN-Vulkan, 18.400 PS
Geschwindigkeit: 21 Knoten
Passagiere: 12
Besatzung: 47
Sonstiges: Ostasiendienst, 1970 an Hapag-Lloyd, 1973 zum Volldecker umgebaut, 10.480 BRT, 1974 verkauft nach Ecuador, 1987 abgewrackt

HOLSTENSTEIN
Schnellfrachter

Die HOLSTENSTEIN. (Hapag-Lloyd)

Baujahr: 1967
Werft: Lübecker Flenderwerke
Größe: 10.481 BRT
Länge: 161,7 Meter
Breite: 22,6 Meter
Antrieb: Achtzylinder-Diesel MAN-Vulkan, 18.400 PS
Geschwindigkeit: 21 Knoten
Passagiere: 12
Besatzung: 54
Sonstiges: Ostasiendienst, 1970 an Hapag-Lloyd, 1980 bei den Thyssen-Nordseewerken in Emden verlängert, 12.702 BRT, 176,5 Meter Länge, Semicontainerschiff mit 322 TEU, 1984 verkauft nach Panama, 1987 nach Griechenland, 1994 abgewrackt

BADENSTEIN
Schnellfrachter

Die BADENSTEIN. (Hapag-Lloyd)

Baujahr: 1968
Werft: Lübecker Flenderwerke
Größe: 10.481 BRT
Länge: 161,7 Meter
Breite: 22,6 Meter
Antrieb: Achtzylinder-Diesel MAN-Vulkan, 18.400 PS
Geschwindigkeit: 21 Knoten
Passagiere: 12
Besatzung: 47
Sonstiges: Ostasiendienst, 1970 an Hapag-Lloyd, 1978 verkauft nach Chile, 1987 nach Griechenland, 1984 abgewrackt

SCHWABENSTEIN

Schnellfrachter

Die SCHWABENSTEIN. (Hapag-Lloyd)

Baujahr: 1968
Werft: Bremer Vulkan, Bremen-Vegesack
Größe: 10.481 BRT
Länge: 161,7 Meter
Breite: 22,6 Meter
Antrieb: Achtzylinder-Diesel MAN-Vulkan, 18.400 PS
Geschwindigkeit: 21 Knoten
Passagiere: 12
Besatzung: 46
Sonstiges: Ostasiendienst, 1970 an Hapag-Lloyd, 1980 bei den Thyssen-Nordseewerken in Emden verlängert, 12701 BRT, 176,5 Meter Länge, Semicontainerschiff, 322 TEU, 1984 verkauft nach Panama, 1987 nach Griechenland, 1995 abgewrackt

BAYERNSTEIN
Schnellfrachter

Die BAYERNSTEIN. (Maack/Bremer Vulkan)

Baujahr: 1968
Werft: Bremer Vulkan, Bremen-Vegesack
Größe: 10.481 BRT
Länge: 161,7 Meter
Breite: 22,6 Meter
Antrieb: Achtzylinder-Diesel MAN-Vulkan, 18.400 PS
Geschwindigkeit: 21 Knoten
Passagiere: 12
Besatzung: 43
Sonstiges: Ostasiendienst, 1970 an Hapag-Lloyd, 1980 verkauft nach Singapur, 1981 nach Liberia, 1983 abgewrackt

SACHSENSTEIN
Schnellfrachter
Baujahr: 1968
Werft: Lübecker Flenderwerke
Größe: 10.481 BRT
Länge: 161,7 Meter
Breite: 22,6 Meter

Die SACHSENSTEIN. (Deutsches Schifffahrtsmuseum)

Antrieb: Achtzylinder-Diesel MAN-Vulkan, 18.400 PS
Geschwindigkeit: 21 Knoten
Passagiere: 12
Besatzung: 48
Sonstiges: Ostasiendienst, 1970 an Hapag-Lloyd, 1979 verkauft nach Chile, 1994 abgewrackt

WESER EXPRESS
Containerfrachter

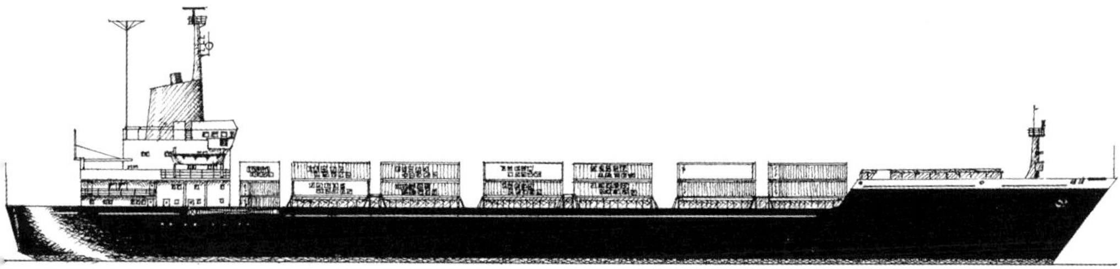

Die WESER EXPRESS. (Slg. Thiel)

Baujahr: 1968
Werft: Bremer Vulkan, Bremen-Vegesack
Größe: 13.382 BRT
Länge: 170,9 Meter
Breite: 24,6 Meter
Antrieb: Neunzylinder-Diesel MAN-Vulkan, 15.750 PS
Geschwindigkeit: 19 Knoten
Besatzung: 34
Sonstiges: 728 TEU, US-Ostküsten-Dienst, 1970 an Hapag-Lloyd, 1973 bei den Rheinstahl-Nordseewerken in Emden verlängert, 17.087 BRT, 201 Meter Länge, 1026 TEU, 1984 verkauft in die USA, 1987 nach Griechenland, 1995 abgewrackt

MOSEL EXPRESS
Containerfrachter
Baujahr: 1969
Werft: Bremer Vulkan, Bremen-Vegesack
Größe: 13.396 BRT
Länge: 170,9 Meter
Breite: 24,6 Meter
Antrieb: Neunzylinder-Diesel MAN-Vulkan, 15.750 PS
Geschwindigkeit: 21 Knoten

Die MOSEL EXPRESS. (Maack/Deutsches Schifffahrtsmuseum)

Passagiere: 12
Besatzung: 46
Sonstiges: US-Ostküsten-Dienst, 728 TEU, 1970 an Hapag-Lloyd, 1973 bei den Rheinstahl Nordseewerken in Emden verlängert, 17.107 BRT, 201 Meter Länge, 1096 Container, 1984 verkauft in die USA, 1996 abgewrackt

MELBOURNE EXPRESS

Containerfrachter

Die MELBOURNE EXPRESS. (Maack/Deutsches Schifffahrtsmuseum)

Baujahr: 1970
Werft: Bremer Vulkan, Bremen-Vegesack
Größe: 25.558 BRT
Länge: 217,9 Meter
Breite: 29 Meter
Antrieb: 1 Satz Getriebeturbinen Sal Laval-Vulkan, 32.450 PS
Geschwindigkeit: 21,5 Knoten
Besatzung: 39
Sonstiges: noch vom NDL für den Austral-Dienst bestellt, aber erst nach der Fusion mit der Hapag am 5. September 1970 abgeliefert, 1982 in Bremen aufgelegt, verkauft nach Hamburg, in Lübeck aufgelegt, 1986 MELBOURNE, 1987 MELBOURNE RANGE, verkauft in die Niederlande, 1988 abgewrackt

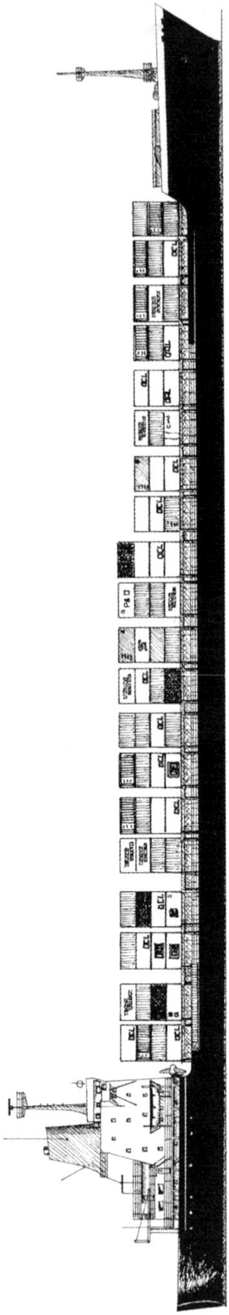

„Schifffahrt und Fotografie“

NEU
€ 24,90

Hagen Zielke · Peter Backens
Cuxhaven – eine historische Bilderreise
Julius Simonsens Fotos der 1920/30er-Jahre, ein aktueller Fotovergleich und Visionen zum Alten Fischereihafen
»Schifffahrt und Fotografie«, 96 Seiten, 27 x 24 cm, Schwarzweiß- und Farbabbildungen, gebunden, Euro 24,90

NEU
€ 19,90

VERLAGS-BUCHHANDLUNG
www.oceanum.de
oder Telefon
04402 / 5 95 56 99

Fordern Sie kostenlos unser Gesamtprogramm an!

oceanum VERLAG

Oceanum Verlag e.K. · Thienkamp 93 · D-26215 Wiefelstede · Telefon 04402 / 5 95 56 99 · info@oceanum.de

IMPRESSUM

OCEANUM. Das maritime Magazin Spezial
Der Norddeutscher Lloyd 1945 bis 1970
von Harald Focke
Internet: www.oceanum.de
Herausgeber der Reihe: Harald Focke und Tobias Gerken

Redaktionsanschrift und Verlag:
Oceanum Verlag e.K.
Redaktion OCEANUM. Das maritime Magazin.
Thienkamp 93, 26215 Wiefelstede
Telefon 04402 5955699 · Telefax 04402 5955698
redaktion@oceanum.de

Anzeigenbestellung:
Oceanum Verlag e.K.
Thienkamp 93, 26215 Wiefelstede
Telefon 04402 5955699 · Telefax 04402 5955698
info@oceanum.de
Es gilt die Anzeigenpreisliste 2/2018
Gestaltung: Tobias Gerken
Gesamtherstellung: Oceanum Verlag e.K. Printed in the EU.

ISBN 978-3-86927-607-6, ISSN 2366-7869

DANK

Die Schiffahrtsgeschichtliche Gesellschaft Bremerhaven e.V. hat den Druck dieses Buches wesentlich gefördert. Karsten Kunibert Krüger-Kopiske hat seine bisherigen Risse der NDL-Schiffe zur Verfügung gestellt und weitere für diesen Band gezeichnet. Fotos verdanken wir dem Deutsches Schifffahrtsmuseum in Bremerhaven und seinem wissenschaftlichen Archivar Klaus-Peter Kiedel, dem Archiv der Nordsee-Zeitung Bremerhaven, Martina Fähnemann vom Hapag-Lloyd Archiv in Hamburg sowie Gert Uwe Detlefsen, Gerd F. Oetker, Achim Rieke, Frank Scherer, Eckhard Scherf, Kapitän Detlef Spangenberg sowie Joachim Buchwald (†), dem früheren Schiffsinnenarchitekten des Bremer Vulkan, Kapitän Eberhard Nölke (†) und Reinhold Thiel (†). Arnold Kludas verdanken wir Fotos aus der von ihm übernommenen Sammlung von Karl-Heinz Schwadtke (†).

VERÖFFENTLICHUNGEN VON HARALD FOCKE ZUM NORDDEUTSCHEN LLOYD IN AUSWAHL:

Auf Lloyd-Frachtern, Bremen 2007 (mit Jörn Buchholz)
Bibliographie zum Norddeutschen Lloyd seit 2000, in: Deutsches Schiffahrtsarchiv 34/2010, Wiefelstede, S. 385–407 (mit Christian Ostersehlte und Dirk J. Peters)
Bremens letzte Liner. Die großen Passagierschiffe des Norddeutschen Lloyd, Bremen 2002
Der Kapitän und seine Offiziere. Schiffsführung auf Stückgutfrachtern, Wiefelstede 2016 (mit Kapitän Eberhard Nölke)
Die Columbuskaje in Bremerhaven, Erfurt 2015 (mit Dirk J. Peters)
Gute Schiffe, schlechte Zahlen? Zur Rentabilität der Transatlantikliner des NDL nach dem Zweiten Weltkrieg, in: Deutsches Schiffahrtsarchiv 31/2008. Wissenschaftliches Jahrbuch des Deutschen Schiffahrtsmuseums Bremerhaven, Wiefelstede, S. 125–184
Im Liniendienst auf dem Atlantik. Neue Erinnerungen an die Passagierschiffe BERLIN; BREMEN und EUROPA, Bremen 2006
Karriere im Maschinenraum. Der Weg des Bremerhaveners Peter Kamp vom Schlosserlehrling beim Technischen Betrieb des Norddeutschen Lloyd zum Leitenden Ingenieur auf der EUROPA, in: Jahrbuch der Männer vom Morgenstern 87/2008, Bremerhaven, S. 273–290
Mit dem Kombischiff nach Rio und Fernost. Hamburg Süd, Hapag und NDL 1950–1968, Wiefelstede 2017 (mit Frank Scherer)
Mit dem Lloyd nach New York. Erinnerungen an die Passagierschiffe BERLIN; BREMEN und EUROPA, Bremen 2004
Oceanum Spezial Bremen-Bremerhaven, Wiefelstede 2017
Projekt 6/53. Ein gescheiterter Passagierschiffsentwurf des Bremer Vulkan für den Norddeutschen Lloyd, in: Bremisches Jahrbuch 88/2009, Bremen, S. 207–234
Spezialauftrag in Landévennec. Wie der Norddeutsche Lloyd 1957 die PASTEUR kaufte und nach Bremerhaven holte, in: Jahrbuch der Männer vom Morgenstern 92/93. 2013/14, Bremerhaven, S. 93–115
Von der Maßanfertigung zum Standardprogramm. Schiffsinnenausbau beim Bremer Vulkan 1952 bis 1982, in: Jahrbuch der Männer vom Morgenstern 86/2007, Bremerhaven, S. 213–248
Zwei Liner - ein Konzept? Die Umbauten der BREMEN und der HANSEATIC 1958/59, in: Deutsches Schiffahrtsarchiv 29/2006, Hamburg, S. 181–218 (mit Frank Scherer)